NORBERT KRIEGISCH

Ich fühle mich krank – warum findet niemand etwas?

W0181973

GOLDMANN
Lesen erleben

Buch

Viele Menschen leiden unter immer wiederkehrenden Beschwerden. Sie ziehen von Arzt zu Arzt, doch niemand kann wirklich helfen. Manchmal werden zwar einzelne Symptome behandelt, aber nie die wahren Ursachen, sodass die Probleme nicht ausheilen. Die frustrierenden Folgen: Die Betroffenen werden nicht ernst genommen oder als »schwierige Patienten« abgekanzelt. Dr. med. Norbert Kriegischs jahrzehntelange Erfahrung hat gezeigt: Bei chronischen Beschwerden ist der Organismus aus dem Gleichgewicht geraten. Mithilfe seiner Empfehlungen können Betroffene die Ursachen hinter ihren vordergründigen Symptomen entschlüsseln, um Dysbalancen auszugleichen und die Selbstheilungskräfte zu aktivieren.

Autor

Dr. med. Norbert Kriegisch ist Arzt für Naturheilverfahren mit eigener Praxis in München. Seine Schwerpunkte sind die ganzheitliche Betrachtung von Gesundheitsstörungen und deren natürliche Behandlungsmöglichkeiten.

Dr. med. Norbert Kriegisch

»ICH FÜHLE MICH KRANK –

warum findet niemand etwas?«

Natur und
Ganzheitsmedizin
bieten
Lösungen an

GOLDMANN

Dieses Buch erschien erstmals 2018 unter dem Titel
»Ich fühle mich krank – warum findet niemand etwas?
Natur und Ganzheitsmedizin bieten Lösungen an« im
Scorpio Verlag in München.

Sollte diese Publikation Links auf Webseiten Dritter enthalten,
so übernehmen wir für deren Inhalte keine Haftung,
da wir uns diese nicht zu eigen machen, sondern lediglich
auf deren Stand zum Zeitpunkt der Erstveröffentlichung verweisen.

MIX
Papier aus verantwortungsvollen Quellen
FSC® C083411
FSC
www.fsc.org

Verlagsgruppe Penguin Random House FSC® N001967

1. Auflage
Vollständige Taschenbuchausgabe Februar 2021
© 2021 Wilhelm Goldmann Verlag, München,
in der Verlagsgruppe Penguin Random House GmbH,
Neumarkter Str. 28, 81673 München
© 2018 by Scorpio Verlag GmbH & Co. KG, München
Umschlaggestaltung: UNO Werbeagentur, München,
nach einer Umschlaggestaltung von FAVORITBUERO, München
Autorenfoto: Alexander Kupka
Illustrationen: Wolfgang Pfau, Baldham
JG · Herstellung: cb
Satz und Layout: Satzwerk Huber, Germering
unter Verwendung des Originallayouts des
Scorpio Verlags GmbH & Co. KG
Druck: CPI books GmbH
Printed in Germany
ISBN 978-3-442-22318-3
www.goldmann-verlag.de

Besuchen Sie den Goldmann Verlag im Netz
MOMENTS of Happiness litlounge.tv SINN SUCHER

»Cogita et fac idem, sanus eris.«
(Denke und handle in gleicher Weise,
dann wirst du gesund.)

Inhalt

ROTBUCH KRIMI

»Charyn lesen ist Rausch!«

TOBIAS GOHLIS, DIE ZEIT

JEROME CHARYN

DAS ISAAC-QUARTETT

Blue Eyes · Marilyn The Wild · Patrick Silver · Secret Isaac

816 Seiten · Rotbuch Taschenbuch

ISBN **978-3-86789-104-2** · 16,95 €

Die ersten 4 Bücher der Isaac-Sidel-Saga in einem Band! Sidel ist härtester Supercop New Yorks, der die übelsten Ganoven kontrolliert. In seiner legendären Serie hat Kultautor Jerome Charyn Noir-Klassiker geschaffen, die zum Außergewöhnlichsten zählen, was Kriminalliteratur je hervorgebracht hat.

www.rotbuch.de

EINFÜHRUNG

Es gilt, nicht Symptome zu behandeln, sondern die Ursachen zu finden und Blockaden zu lösen

Warum werden wir krank? Woher rührt Unwohlsein, und wie lässt sich Gesundheit wiederherstellen? Seit über 30 Jahren treiben mich diese Fragen um. Es interessiert mich, was sich hinter vordergründigen Symptomen verbirgt und wie chronische Erkrankungen entstehen. Viele Menschen fühlen sich krank und haben oft schon eine lange Odyssee von einem Arzt zum nächsten hinter sich. Wenn sie zu mir in die Praxis kommen, sind sie verständlicherweise sehr skeptisch. Erkennen wir aber dann gemeinsam die Zusammenhänge ihrer Beschwerden und beheben die Ursachen, dann kann den allermeisten geholfen werden.

Ich kann mir gut vorstellen, dass viele von Ihnen schon beim Lesen des Buches selbst Zusammenhänge erkennen können und Hinweise erhalten, um dann selbst aktiv mit ihrem Arzt oder Therapeuten nach den Ursachen zu forschen. Schließlich ist die Auseinandersetzung mit sich selbst der erste Schritt zur Erkenntnis und zu den entsprechenden Handlungen. Der ausführliche Fragebogen auf den Seiten 107–134 wird Sie dabei unterstützen.

Im Lauf meiner Tätigkeit als Ganzheitsmediziner bin ich vielen Spuren gefolgt, habe die unterschiedlichsten Methoden ausprobiert und wichtige Erfahrungen und Erkenntnisse sammeln können, die ich Ihnen in diesem Buch komprimiert wie strukturiert nahebringen möchte. Damit auch Sie erkennen, welche Zusammenhänge es bei Krankheiten gibt und was beispielsweise hinter besonders häufig auftretenden Zivilisationskrankheiten wie Rückenschmerzen, Herzrhythmusstörungen, Kopfschmerzen, Allergien etc. steckt. Und natürlich wie sich solche Dysbalancen wieder ins Gleichgewicht bringen lassen, um Wohlgefühl und Gesundheit herzustellen und um vorzubeugen. Mit recht einfachen Mitteln und einem Zugewinn an Erkenntnis. Das verspreche ich Ihnen.

Als Ganzheitsmediziner betrachte ich den Menschen als Gesamtsystem, und jeder, der sich auf diese erweiterte Sicht der Dinge einlässt, erlangt ein neues Verständnis für Gesundheit: Es wird klar, welche Faktoren unsere Gesundheit bestimmen und wie jeder Einzelne sein Wohlgefühl selbst verbessern und somit ein qualitativ hochwertigeres und gesünderes Leben führen kann. Darum geht es mir. Deswegen habe ich dieses Buch geschrieben. Es bringt meine langjährige Erfahrung intensiven Forschens und Heilens auf den Punkt. Denn: Nur wenn ich weiß, wie Krankheit entsteht, wie und wo sie sich zeigen kann, weiß ich auch, wo ich ansetzen muss, um Dysbalancen auszugleichen.

Oftmals lösen Störfelder Erkrankungen aus, die auf verschiedenen Ebenen des Körpers zu finden sind: Wir sind ein komplexes System aus Körper, Psyche und Geist, und kein Schulmediziner würde wohl Rheuma oder Depressionen mit einer nicht intakten Darmflora in Verbindung bringen bzw. Kopfschmerzen im Halswirbelbereich mit Zahnfüllungen, die die Gesundheit angreifen.

Die Gene und genetische Vorbestimmung sind eine Sache, die Epigenetik ist die andere. Gerade bei Krebs oder anderen in der Familie auftretenden Krankheiten lässt sich durch eine Veränderung von Verhalten und oftmals auch des Denkens die eigene Gesundheit stärken und mögliche, in der Familie aufgetretene Erkrankungen lassen sich vermeiden. Das ist mittlerweile wissenschaftlich erwiesen. Auch dass die Psyche und der Darm Auswirkungen auf unsere Gesundheit haben: Das Leben ist mehr, als wir vermeinen zu erkennen, und jeder hat es in der Hand, stärker in seine Mitte und in seine Balance zu finden.

Ich freue mich, dass Sie sich einlassen auf dieses tiefere Schürfen, das für den einen oder anderen vermutlich sogar ein Aha-Erlebnis bereithält. Damit wünsche ich Ihnen inspirierende Erkenntnisse auf Ihrem Weg zu mehr Gesundheit und Wohlgefühl,

Ihr Dr. Norbert Kriegisch

KAPITEL 1

Wie ich zu dem kam, wie ich heute behandle. Oder: Das Leben ist ein Fächer an Möglichkeiten

Mein tieferes Schürfen nach dem, was hinter dem Offensichtlichen steckt, hängt mit zwei Faktoren zusammen: zum einen mit meiner angeborenen Neugier an Gesamtzusammenhängen. Deswegen habe ich neben meinem Medizinstudium gleichzeitig Philosophie studiert.

Meine Latein- und Griechischlehrer haben im Internat im mittelfränkischen Windsbach gute Vorarbeit geleistet: Sie begeisterten mich für die tiefere Bedeutung von Sprache und wie sie in ihrer Komplexität wirkt, und sie legten den Grundstock dafür, dass ich in Ulm einen der ersten Philosophiekreise an dieser Universität gründete. Darüber lernte ich meinen Mentor Friedrich Kambartel kennen, Philosophie-Professor an der Uni Konstanz. Seine Lehre und die von Jürgen Habermas, die beide der Meinung waren, dass sprachliche Vernunft Tat und Geist hinterfragen sollte und Ausdruck und Handeln eins sein sollten, inspirierten mich. Nur das sei stimmig, und nur so sei der Mensch authentisch, darum ging es ihnen und auch mir.

Sehr früh hatte ich – und hier kommen wir zu einer zweiten Erklärung für mein tieferes Schürfen – sowohl meinen Vater als auch meine Mutter verloren. Das war eine prägende wie einschneidende Erfahrung: Mein Vater starb an Dickdarmkrebs, als ich vier Jahre alt war, und auch meine Mutter starb an Dickdarmkrebs, als ich 23 Jahre alt war. Ich hatte sie fünf Jahre gepflegt und konnte dennoch nichts für sie tun. Dadurch entstand wohl auch mein starkes Bedürfnis, anderen Menschen zu helfen.

Bis ich jedoch so weit war, die Ursache von Krankheiten und Unwohlsein aufzuspüren und zu behandeln, sollte noch einige Zeit vergehen.

Zuerst wollte ich nach meiner Promotion im Münchener Klinikum Großhadern die Karriereleiter an der Universität erklimmen und Professor werden. Mein Doktorvater bot mir die entsprechende Stelle an mit den Worten: »Aber die nächsten zehn Jahre Ihres Lebens können Sie vergessen!« Das war der erste Wendepunkt in meinem beruflichen Leben: Zehn Jahre einfach zu vergessen konnte ich mir nicht vorstellen. Nach diesen zehn Jahren wäre ich 38 Jahre gewesen – in diesem Alter war mein Vater bereits verstorben. Diese Zeit wollte ich also nicht »opfern«. Daher begann ich nach dem Studium während meines Wehrdienstes als Stabsarzt zu arbeiten und stellte fest, dass man in einer Allgemeinarztpraxis ganz anderen Patienten begegnet und nicht wie in der Uniklinik nur Schwerstkranken. Es machte mir Freude, mich mit den verschiedensten Krankheiten auseinanderzusetzen, daher wählte ich als nächsten Meilenstein in meiner Entwicklung ein kleines Kreiskrankenhaus in Bad Saulgau. Dort behandelte ich sowohl den verunfallten Maurer als auch eine schwangere Mutter sowie Herzinfarktpatienten oder solche, die mit Verbrennungen nach einer Familienfeier in die Notaufnahme kamen.

Danach arbeitete ich, um meine Fähigkeiten als Arzt zu schulen, in verschiedenen Kassenarztpraxen und zum ersten Mal auch in München als Assistenzarzt in einer Praxis für Naturheilverfahren.

Dann sollte wieder ein besonderer Moment in mein Leben kommen: In der Nähe von Passau, im niederbayerischen Ruhstorf, vertrat ich einen kranken Kollegen und behandelte 80 bis 100 Patienten pro Tag, wie es in einer Landpraxis so üblich ist. Ich kam gut zurecht, und es machte mir Spaß, mit den Patienten über einen längeren Zeitraum Kontakt zu haben. Auch das

Praxisklima mit den Angestellten war sehr gut. Das sah auch der Kollege so. Denn als er wieder gesund war, bot er mir an, bei ihm als Partner einzusteigen.

Meine damalige Freundin – heute meine Frau – weigerte sich allerdings, in die bayerische Provinz zu ziehen, und so stand ich vor der Frage: Mich trennen und dort einsteigen oder es lassen?

Eines Nachts kurz vor dem Einschlafen wurde mir schlagartig klar, was ich hier eigentlich den ganzen Tag machte: Du behandelst mit acht Sprechstundenhilfen in fünf Zimmern gleichzeitig 80 Patienten am Tag, und ich fragte mich: Heilst du sie denn auch? Du siehst sie immer wieder, manche sogar ständig, doch ihnen helfen die Behandlungen anscheinend nicht. Du verschreibst nur lauter sogenannte Anti-Mittel: Anti-Biotika, Anti-Depressiva, Anti-Hypertonika, Anti-Rheumatika, Anti-Neuroleptika usw.

Damit behandelt man eigentlich nur die Symptome. Man hilft den Patienten nur im Augenblick und wartet darauf, dass der Körper sich selbst heilt. War das die Medizin, die ich mir bei meinem Entschluss, Medizin zu studieren, als Berufsziel vorgestellt hatte? Die Arbeit in der Praxis machte mir Spaß, keine Frage. Ich fühlte mich gebraucht. Aber wollte ich wirklich ein Leben lang ein Anti-Mittel-Arzt sein?

Das willst du nicht!, sagte ich mir. Und gemäß meiner philosophischen Überzeugung musste ich konsequenterweise auch handeln: Wenn du das nicht willst, kannst du nicht einfach so weitermachen. Du musst das tun, was du für richtig hältst! Nur was?, echote es gleich darauf zurück.

Und auch das hat mich das Leben gelehrt: In solchen Entscheidungsphasen liest man genau die Bücher oder spricht mit genau den Leuten, die einen weiterbringen. So ging es mir mit der Lektüre von Christine und Frido Manns Buch *Es werde Licht*. Die Manns erklären darin, wie die Quantenphysik des Geistes funktioniert, und meinen, dass wir in solch existenziellen Augenblicken neue Möglichkeiten erkennen.

Wie aus einem aufgeklappten Fächer der Möglichkeiten können wir Chancen auswählen und nutzen. So war es auch bei mir. Wenige Tage später fiel mir in der Praxis in Ruhstorf eine Broschüre in die Hände. Sie stellte die Neuraltherapie nach Ferdinand Huneke vor.

Aha-Erlebnis: Neuraltherapie

Die Neuraltherapie ist eine Therapieform, die durch Injektionen mit Lokalanästhetika regulativ und reflektorisch in den Organismus eingreift, um zum Beispiel Rückenschmerzen, Kopfschmerzen oder Schwindel zu behandeln. Dieser komplementär ausgerichteten Behandlungsmethode liegt auch die Überlegung zugrunde, dass viele dieser Funktionsstörungen durch bestimmte sogenannte Störfelder ausgelöst werden können. Narben, Brüche, alte Entzündungen können solche »Störfelder« sein. Sie irritieren mit Störsignalen kontinuierlich (also chronisch) das vegetative Nervensystem und setzen den Körper unter Dauerstress. Spritzt man in diese Störfelder ein Lokalanästhetikum, wie Procain oder Lidocain, gelingt es häufig, sie zu unterbrechen, der Körper kann wieder in seine normale Regulation zurückfinden.

Das klang so aufregend und interessant, dass ich mich sofort erkundigte, wo man das lernen könne. Wie so oft im Leben braucht man Vorbilder, die einem die Kraft und den Mut geben, etwas Neues auszuprobieren. Gleich der Erste, der mir diese neue Methode nahebrachte, war der Wiener Zahnarzt Prof. Franz Hopfer (1917–1996). Er wurde für mich ein Vorbild.

Bei einer Fortbildung auf dem jährlichen Kongress für Naturheilverfahren 1981 im baden-württembergischen Freudenstadt lernte ich ihn kennen. Drei Tage dauerte der Lehrgang »Neuraltherapie«, und bis in sein 80. Lebensjahr veranstaltete Hopfer mitreißende Fortbildungen, die ich immer gerne besuchte. Er erweiterte die Formel *cogito ergo sum* (Ich denke, also bin ich) auf *cogita et fac idem, sanus eris«* (Denke und handle in gleicher Weise, dann wirst du gesund) und riss auch mich mit seiner Begeisterung über seine Erfolge mit.

Da muss etwas dran sein, dachte ich mir: Dieser Mann hatte genug verdient. Er musste nicht mehr durch die Lande tingeln und für eine neue und damit auch skeptisch betrachtete Therapieform werben. Nein, er war so begeistert von dem, was er erlebt hatte, und wollte das weitergeben. Er wollte, dass die Neuraltherapie Eingang in die Landpraxen fand, weil man mit dieser Therapie erregte Zellen wieder in den Ruhezustand versetzen und Heilung anregen konnte.

Er hatte erkannt, dass – und hier bringe ich ein Beispiel, mit dem ich gerne die Wirkweise der Neuraltherapie erkläre – wenn Sie Radio hören wollen und irgendwo ein Föhn eingeschaltet ist, dann hören Sie ein Rauschen. Sie können noch so oft den Sender wechseln, die Lautstärke regulieren oder sonst einen Knopf an Ihrem Radio betätigen, das alles bringt nichts. Klar und damit störungsfrei hören können Sie erst, wenn der Föhn ausgeschaltet wird.

Sie müssen praktisch das Gesamte betrachten und auch wissen, dass Störungen aus ganz anderen Ecken kommen können, wo Sie diese gar nicht vermuten, die aber einen gravierenden Einfluss auf Ihr Wohlbefinden haben können.

Sie können noch so sehr Symptome behandeln, es wird nichts bringen. Im Gegenteil. Sie werden sich auf Dauer nur noch kränker und ohnmächtiger fühlen. Sie merken – wie viele Patienten, die zu mir kommen –, dass Sie sich im Kreis drehen und sich vor Ihnen ein dunkles Loch auftut, das immer tiefer und tiefer wird.

Nun besuchte ich beflügelt weitere Kurse, las Fachliteratur und wandte – ich hatte inzwischen die Zusatzbezeichnung »Naturheilverfahren« erlangt – mein neues Wissen bei Praxisvertretungen an.

In einer Praxis in Bad Griesbach hatte ich ein ganz besonderes Erlebnis. Am vorletzten Tag meiner Stippvisite räumte ich Krankenakten auf, und mein Blick fiel auf eine sehr dicke Akte einer Patientin. Im ersten Satz der Akte stand: »Nach einer Abrasio langsam beginnende Halbseitenlähmung.« Nach einer Ausschabung der Gebärmutter vor 20 Jahren hatte die Patientin eine Odyssee bei unzähligen Ärzten und Professoren hinter sich, von denen ihr niemand helfen konnte, wie es schien.

Sensibilisiert durch meine Ausbildung läuteten bei mir sofort alle Alarmglocken: Da stand im ersten Satz bereits die Diagnose. Das gibt's doch nicht!, dachte ich. Mir war sofort klar: Da hatte sich nach der Operation im Unterleib ein »Störfeld« aufgebaut. Ich war mir völlig sicher und rief die Frau in meinem Eifer als junger Arzt kurzerhand an. Ich erklärte ihr, dass ich glaubte, ihr helfen zu können, aber nur noch einen Tag in Bad Griesbach sei. Sie war natürlich sehr skeptisch und winkte ab: »Ich habe so viele Professoren konsultiert, keiner konnte mir helfen. Was glauben Sie als einfacher Landarzt denn tun zu können?«

Ich argumentierte mit der »neuen Methode«, beharrte auf meinem Wissen, und am nächsten Morgen trugen ihr Mann und ihr Sohn sie zu mir in die Praxis im ersten Stock. Den Rollstuhl hatten sie vor dem Eingang geparkt, einen Aufzug gab es nicht.

Ich setzte eine Injektion rechts und links neben der Gebärmutter in den sogenannten Frankenhäuser'schen Plexus, und was dann geschah, war unglaublich. Die Frau konnte ihr gelähmtes Bein wieder fühlen und es bewegen. Wir alle trauten unseren Augen kaum. Wir waren fasziniert, was da vor sich ging: Wir wurden Zeugen eines immer wieder auftretenden Sekundenphänomens.

Dieses Ereignis machte mich vom Interessierten zum feurigen Verkünder der Neuraltherapie, und wenige Monate später eröffnete ich im Jahr 1982 meine eigene Praxis im Herzen Schwabings. Da man bei der sogenannten Störfeldsuche viel Zeit brauchte, sah ich mich gezwungen – trotz der damals goldenen Zeiten der Kassenpraxen –, eine Privatpraxis zu eröffnen.

Um die Kosten gering zu halten, begann ich in unserer Vierzimmerwohnung, in der ich damals mit meiner Frau und deren Sohn lebte, zu praktizieren. Um genau zu sein, im Schlafzimmer. In das stellte ich neben das Doppelbett eine Liege und einen Schreibtisch, ein Wartezimmer gab es nicht. Als eineinhalb Jahre später unsere Tochter geboren wurde, zog ich mit meiner Praxis in die Wohnung nebenan.

Damals glaubte ich, mit Neuraltherapie alles heilen zu können, und empfing die Patienten sozusagen schon mit der Spritze in der Hand. Sie wurde zu meinem Markenzeichen, und mit ihr und der Neuraltherapie konnte ich vielen helfen: Menschen mit Kopf-, Rücken- und Knieschmerzen, mit Sudek-Syndrom, mit Hexenschuss, mit Bandscheibenvorfall, mit rheumatischen Beschwerden, mit nicht heilen wollenden Brüchen …

Aber es gab auch andere Patienten, da funktionierte das Lokalanästhetikum nicht: »Keine Methode kann alles.« Diese Erkenntnis wurde mir im Lauf der Zeit immer klarer. Und weil ich als behandelnder Arzt zu meinen Patienten auch immer eine emotionale Beziehung aufbaue, hat es mich irgendwie enttäuscht, wenn ich in meiner Behandlung nicht zum Ziel kam. Daher habe ich immer wieder Neues ausprobiert: Ich war und bin davon überzeugt, dass, wenn nichts half, ich nur noch nicht den richtigen Schlüssel zu diesem Menschen und seinem Thema gefunden hatte.

Immer einen bestimmten Menschen im Kopf, suchte ich nach neuen Verfahren und Schlüsseln, um ihm helfen zu können. Als Arzt habe ich stets den Menschen vor Augen und nicht einfach nur einen Fall. Oft sind die Patienten lange in einem Ungleichgewicht, das von Anti-Mitteln, die nur die Symptome lindern, genährt wird. Dadurch baut sich eine regelrechte Regulationsstarre auf. Diese Starre gilt es zu lösen und die Selbstheilungskräfte des Körpers wieder anzuregen. Erst wenn es gelingt, eine Starre in eine Wellenbewegung umzuwandeln, kann man überhaupt an Heilung denken.

Daher die Frage: Was muss ich als Arzt tun, damit das möglich wird? Und: Mit welchen therapeutischen Maßnahmen kann ich den Organismus meines Patienten so ankurbeln, dass er wieder in sein natürliches Gleichgewicht zurückfindet?

Individuellere Schlüssel müssen her

Die Suche nach neuen Schlüsseln ließen mich im Frühjahr die Fachkongresse in Freudenstadt und im Herbst in Baden-Baden besuchen. Auch heute noch probiere ich Neues aus und bilde mich weiterhin fort. Denn das Leben steht nicht still. Alles entwickelt sich weiter. Auch die Naturheilkunde. Wenngleich sie wie alle Zweige der Komplementärmedizin – etwa die ayurvedische Medizin oder die Traditionelle Chinesische Medizin – auf einem alten Grundstock an Wissen fußt. Doch es gibt immer Neuerungen.

Nach der Neuraltherapie beschäftigte ich mich mit Akupunktur. Dabei wurde nicht unbedingt das Nadeln für mich wichtig, sondern der Blick auf ein energetisches Gesamtsystem. Durch die Meridianverläufe, die sogenannten Energiebahnen im Körper, bekommt man ein ganz anderes Verständnis von Krankheiten.

Es geht immer um das Gleichgewicht von Yin und Yang – in der chinesischen Philosophie die entgegengesetzten, aber immer aufeinander bezogenen Kräfte. Durch Nadeln, Moxa-Behandlungen oder Kräuterelixiere und Tees versucht man, dieses Gleichgewicht im Energiehaushalt wiederherzustellen. Der erfahrene Behandler in der Traditionellen Chinesischen Medizin (TCM) überprüft dies anhand der Pulsdiagnose.

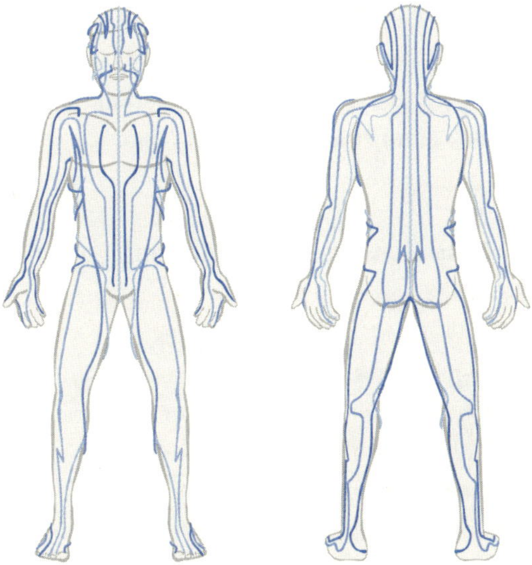

Das Erlernen der Pulsdiagnostik erfordert sehr viel Übung und einen erfahrenen Lehrmeister. Deshalb habe ich mich nach anfänglichen Versuchen nicht weiter in diese Diagnosemöglichkeit eingearbeitet. Konnte ich die Neuraltherapie irgendwie mit biochemischen Vorstellungen erklären, so war diese für mich neuartige Herangehensweise an den Körper eines Menschen in der chinesischen Medizin total verschieden von unserer westlichen Vorstellung, wie Medizin funktionierte. Mit dieser Erfahrung bildete sich bei mir die Erkenntnis aus: Wir sind ein offenes System und werden ständig von inneren und äußeren Reizen belastet. Um das Gleichgewicht zu halten, ist ein intaktes Gesamtmilieu notwendig.

Bei allen Fortbildungen, die ich besuchte, waren zwei Faktoren für mich wichtig:

1. Welche der angebotenen Methoden bringen mich in der Diagnose beziehungsweise in der Ursachenfindung weiter?
2. Welche Methode versucht das innere und äußere Milieu des Patienten zu beachten und zu verbessern und unterdrückt es nicht von außen?

Unter diesen Voraussetzungen ergab sich das Studium vieler Methoden von allein, und auch hier wurde ein großer Mann der Milieumedizin mein Vorbild: Hans Kolb. Er eröffnete mir schon vor 30 Jahren die Welt der mikrobiologischen Therapie. Die Überlegung dahinter war: Ist unser Mikrobiom, also die Bakterienflora auf unseren Schleimhäuten, nicht in Ordnung, stört das unser gesamtes Immunsystem.

Aktuell werden viele Studien zu diesem Thema veröffentlicht. Und Bücher wie *Darm mit Charme* von Giulia Enders, *Alles Scheiße!? Wenn der Darm zum Problem wird* von Adrian Schulte oder *So ein Kack* von Pernilla Stalfelt greifen diese Erkenntnisse auf und bringen sie einfach, verständlich und mit großem Erfolg der Bevölkerung nahe.

Die mikrobiologische Therapie ist seit 1987 fester Bestandteil aller meiner Behandlungen. Denn ohne intaktes Immunsystem kann sich unser Organismus nicht selbst helfen. Das kann durch die Stärkung der sogenannten Schutzflora, wie Lactobazillen und Bifidusbakterien, erfolgen. Im Körper agieren sie ähnlich wie die Polizeistreife auf der Straße, sie patrouillieren auf der Suche nach Eindringlingen und Gesetzesbrechern. Nehmen wir zusätzlich immunwirksame Bakterien wie Enterococcus faecalis oder physiologische Colibakterien, sorgen wir dafür, dass Streifenpolizisten und Kriminalpolizei zusammen geschult werden. Manchmal genügt diese Maßnahme nicht mehr, dann müssen Spezialkräfte wie die GSG 9 ran. Das sind die sogenannten Autovaccine: Impfstoffe, die aus Bakterien des Darms, des Urins, der Vaginalschleimhaut oder des Rachens im Labor hergestellt werden. Durch regelmäßige Impfung versucht man auf diesem Weg unsere Spezialpolizei im Körper zu schulen, um wiederkehrende Entzündungen im Rachen, in der Blase oder im Genitalbereich grundlegend einzudämmen.

Um das Immunsystem eines Menschen zu stärken, habe ich mich weiterhin mit Fastenkuren, F.-X.-Mayr-Diät, Trennkost, Rotationsdiäten und seit einigen Jahren mit speziellen Untersuchungen zu Nahrungsmittelunverträglichkeiten beschäftigt. Denn bei allen chronischen Erkrankungen besteht ganz häufig ein direkter Zusammenhang mit der Ernährung eines Menschen.

Diagnostik – kreativ und gefühlig

Um völlige Sicherheit bei Nahrungsmittelunverträglichkeiten zu bekommen, greife ich – auch wenn ich ein leidenschaftlicher Verfechter energetischer Testverfahren bin – hin und wieder auf klassische Methoden wie eine Blutuntersuchung zurück. Zusätzlich nutze ich, sollte das für die Therapie notwendig erscheinen, die Ergebnisse bildgebender Verfahren wie Röntgen, Ultraschall oder MRT.

Dass diese technischen Verfahren heute in der Medizin über alles gestellt werden, sehe ich kritisch. Oftmals fasst der Arzt den Patienten, der zu ihm kommt, gar nicht mehr an, sondern schaut nur auf die Blutwerte oder die MRT-Bilder. Das finde ich bedenklich und wundert mich sehr: Denn wenn ich mir ansehe, wie oft in meiner Praxis diese technischen Untersuchungen notwendig sind, ist das bei maximal zehn Prozent all meiner Diagnosen der Fall.

Wie gesagt, ich versuche vor allem kraft meiner Person Diagnosen zu stellen. Denn durch die persönliche Beziehung zu dem Menschen, der da vor mir sitzt, erhalte ich sehr viele Informationen, auch auf eine energetische Art.

Auf diesem energetischen Sektor gibt es für Alternativmediziner eine große Auswahl an Testgeräten, die auf den Naturheil-Kongressen in Freudenstadt und Baden-Baden an vielen Ständen angeboten werden. Sie messen entweder Reaktionen des Körpers auf elektrische, thermische oder elektromagnetische Reize. Sie alle brauchen aber den Menschen, um wie bei einem Verstärker ultrafeine Reaktionen messen zu können.

Da es viele verschiedene Reizmöglichkeiten gibt und unser Organismus über die verschiedensten Reaktionsmöglichkeiten verfügt, ist dem Erfindungsgeist der Forscher und Querdenker keine Grenze gesetzt. Deswegen ist man als Anfänger auf diesem Gebiet oft überfordert und kann sich nur mit Mühe der tollen Verkaufsargumente erwehren.

Um besser und richtig diagnostizieren zu können, habe ich mir ein Spektrum an Tests zugelegt. Einer der interessantesten Menschen und Erfinder, die ich auf diesem Gebiet der energetischen Messungen kennengelernt habe, war der Arzt Reinhold Voll (1909–1989). Zusammen mit dem Ingenieur Fritz Werner hat er ein Gerät entwickelt, mit dem sich die Veränderung des Hautwiderstandes der Akupunkturpunkte messen lässt.

Sobald man zum Beispiel ein homöopathisches Mittel in den elektrischen Kreis einbringt, verändert sich der Hautwiderstand. Mit einer Medikamentenwabe einerseits und dem Menschen, der eine Elektrode in der Hand hält, kann ich verfolgen, bei welchem Medikament sich der Hautwiderstand ausgleicht. Die Methode wurde nach ihm als »Elektroakupunktur nach Voll« benannt und hat in der Komplementärmedizin eine regelrechte Revolution ausgelöst. Obwohl das Verfahren physikalisch nicht richtig zu erklären ist, sind die Erfolge bei dieser Diagnosestellung oft beschrieben worden. Auch ich konnte nach einigem Üben bestens damit messen und kam zu interessanten Einsichten. Dazu folgende zwei Beispiele:

Beispiel 1: Eine Patientin schilderte mir, dass sie immer wieder mal Gegenstände, Menschen etc. doppelt sah. Ihr Augenarzt konnte nichts feststellen. Bei der Testung mit dem Voll-Gerät fiel mir eine Belastung der Hypophyse – der Hirnanhangdrüse – auf. Daraufhin empfahl ich ihr, ein Computertomogramm machen zu lassen und dem Fachkollegen zu bestellen, sich die Hypophyse genauestens anzusehen.

Am nächsten Tag rief mich der Kollege an und fragte mich, wie ich zu dieser Vermutung gekommen sei. Ich erklärte ihm, wodurch ich diese Auffälligkeit bemerkte, und er beglückwünschte mich mit den Worten: »Ich habe noch nie einen so kleinen Hypophysen-Tumor entdeckt. Und in der Größe kann man ihn einfach durch gezielte Bestrahlung heilen.«

Wochen später schrieb mir die Patientin einen Brief. In dem bedankte sie sich überschwänglich und teilte mir gleichzeitig mit, dass ihre Kasse die Testung, die ich ihr in

Rechnung stellte, nicht bezahlen wolle. Aus diesem Grund fühle sie sich auch nicht verpflichtet, mir diese zu bezahlen. So spielt das Leben manchmal!

Beispiel 2: Eine andere Patientin hatte immer Abszesse an den Schamlippen und wurde schon dreimal operiert. Jeder kann sich die unangenehme Situation vorstellen, unter der auch ihr Eheleben litt.

Auch hier zeigte der Test etwas Auffälliges an: eine Belastung mit Kupfer. Bei genauerem Nachfragen stellte sich heraus, dass sie mit einer Kupferspirale verhütete. Ich riet ihr, die Spirale entfernen zu lassen. Sie ließ sie von ihrer Frauenärztin ziehen, und die Abszesse klangen ab. Alle waren glücklich.

Drei Jahre später erschien sie allerdings wieder mit den gleichen Problemen in meiner Praxis. Als ich sie fragte, was sich verändert habe, erzählte sie mir unter anderem, dass sie eine Zahngoldfüllung erhalten habe. Ich bat den behandelnden Zahnarzt, mir die Werkstoffliste des Inlays zu schicken, und siehe da, es befanden sich drei Prozent Kupfer in der Legierung. Sie hatte eine gute Privatkasse. Die genehmigte den Austausch und übernahm die Kosten. Und seither sind ihre Probleme verschwunden.

Ich habe mich im Lauf der Zeit in viele energetische Testverfahren eingearbeitet – etwa in die Biofunktionsdiagnostik (BFD), den Vega-Test, die Thermografie oder die Kirlian-Fotografie, bei der Füße und Hände abfotografiert werden und deren energetische Abstrahlung sichtbar wird. Doch ich habe zwei Dinge festgestellt:

Um richtig gut testen zu können, muss man sich eigentlich voll auf das Testen fokussieren. Nur so gelingt es, die Ergebnisse im Lauf der Zeit richtig zu interpretieren. Denn diese Testverfahren sind keineswegs sogenannte harte Tests, die von jeder Person die gleichen Ergebnisse liefern. Sie sind weiche Testverfahren, die das Energiefeld des Testers mit einbeziehen und somit auch unterschiedliche Ergebnisse ergeben können.

Es gibt viele Erklärungsversuche dafür. Für mich können eigentlich nur die Ergebnisse der Quantenphysikforschung, wie sie in dem Buch von Thomas und Brigitte Görnitz *Von der Quantenphysik zum Bewusstsein* beschrieben werden, eine Erklärung geben. Jeder von uns nimmt in seinem offenen System alle möglichen Informationsquanten ständig auf, die sogenannte Protyposis. Erst wenn diese Information nach Erfühlen des Untersuchers oder durch eine Reaktion des Patienten eine Bedeutung anzeigt, gelangt sie ins Bewusstsein des Testers und kann entsprechend interpretiert werden.

Diese subjektive Interpretation erhärtet sich, wenn sich ein Therapieerfolg einstellt. Im Lauf der Jahre wird das zu einem intuitiven Vorgang. Und weil Intuition Wissen mal Erfahrung ist, wird der Tester, der sich hauptsächlich damit beschäftigt, seine Intuition immer mehr stärken. Auch Dr. Voll zum Beispiel musste oft gar nicht mehr die Medikamente in den elektrischen Kreis einbringen, sondern spürte schon vorher, was der Patient brauchte.

Der andere Punkt, der mir bei dem vielen Testen auffiel, war, dass ich nach jeder zweistündigen Testsitzung total erschöpft war, ja richtig ausgebrannt. Nach meiner oben beschriebenen Ansicht über die Verarbeitung von unzähligen Informationsquanten im Organismus des Testers dürfte dies die Erklärung für meine Erschöpfung sein. Diese Erschöpfung führte dazu, dass ich mich um meine anderen Patienten nicht mehr ausgiebig kümmern konnte.

Nach dem Leitspruch *»Cogita et fac idem, sanus eris«* musste ich dieses Testverfahren stark zurückschrauben. Wie immer fand ich ein neues Buch zur richtigen Zeit: Der amerikanische Osteopath Dr. John Diamond schrieb das richtige Buch für meine Situation: *Der Körper lügt nicht* und stellte die kinesiologische Untersuchungsmethode darin vor.

Dieses Testverfahren wurde im Lauf der Zeit immer mehr verfeinert und erweitert. Im Grunde ist es eine energetische Untersuchungsmethode im digitalen Sinn. Denn die Testperson reagiert mit starkem oder mit schwachem Muskeltonus wie Ja oder Nein beziehungsweise 0 und 1 bei digitaler Schriftweise.

Der Patient spürt direkt, ob sein Organismus »Ja« oder »Nein« zu einem bestimmten Lebensmittel oder einem Medikament sagt. Bleibt sein Muskel stark, ist es ein »Ja«, wird sein Muskel schwach ein »Nein«. Beim Armlängen-Differenztest entsprechen gleich lange Arme einem »Ja«, ungleich lange Arme einem »Nein«.

Anfangs sagen die Patienten: »Sie drücken unterschiedlich stark«, aber es geht hier nicht darum zu zeigen, wer der Stärkere ist, sondern ob bei dem sogenannten Testmuskel (meist der Oberarmmuskel oder der Oberschenkelmuskel) das Gelenk – Schulter oder Hüfte – blockiert werden kann.

Kinder spüren das sofort und stellen den Test gar nicht infrage.

Wie zum Beispiel der damals 13-jährige Sohn einer Freundin. Er hatte immer Infekte und war nicht leistungsfähig. Und gerade weil er ein sehr guter Schwimmer war, konnte er oft auch nicht an Wettkämpfen sein eigentliches Können unter Beweis stellen.

Ich fragte ihn bei der Anamnese nach seinen Essensgewohnheiten und hörte, dass er wie so viele Jugendliche hauptsächlich Süßigkeiten, Cola, Brot und Pizza aß. Da ich weiß, dass raffinierter Zucker sehr häufig solche Leistungseinbußen und Infekte hervorruft, machte ich mit ihm den »Zuckertest«.

Und ich fragte ihn, was sein starker Arm sei. Da er Rechtshänder war, war das natürlich der rechte. Ich bat ihn, den Arm auszustrecken und ihn nach oben zu halten, wenn ich ihn nach unten drücken will. Als gut trainierter Schwimmer hatte er eine ausgeprägte Muskulatur, und ich konnte ihn nicht nach unten drücken. Dann gab ich ihm ein Stück Würfelzucker in die linke Hand und wiederholte den Test. Plötzlich konnte ich mit nur einem Finger seinen Arm nach unten drücken. Legten wir den Zucker wieder weg, war er wieder stark.

Er spürte es selbst und änderte daraufhin seine Essgewohnheiten. Da seine Mutter eine Freundin von mir war, verfolgte ich seinen Werdegang. Er wurde als Schwimmer immer besser und war auf der Longlist für die Olympiade in Peking nominiert, hatte mit der Staffel auch einmal den Weltrekord inne. Bei einem Geburtstagsfest sprach er mich auf den Test vor vielen Jahren an und bedankte sich bei mir, da dies sein Leben wirklich verändert habe.

Seit ich mich mit dem kinesiologischen Testen befasse und mich darin übe, ist dies mein hauptsächliches energetisches Testverfahren. Es ist direkter und liefert gute Ergebnisse, außerdem ermüdet es mich als Tester bei Weitem nicht so sehr.

Was heute in strukturierten Ausbildungsplänen an Methoden und Instrumentarien zum Diagnostizieren steht, haben wir uns mosaiksteinhaft zusammengesucht. Das war mühselig, hat aber auch sehr viel Freude gemacht. Und weil ich ein wissbegieriger Mensch bin, gehe ich auch heute noch verschiedensten Möglichkeiten von Kategorisierungen nach. Ich prüfe sie und gleiche sie mit meinen Erfahrungen ab, um vielleicht ein weiteres Diagnose-Instrument kennenzulernen, das mich unterstützt, noch schneller und präziser erkennen zu können, was der Körper meiner Patienten mir mitteilen möchte. Damit ich ihm als Sparringspartner helfen kann, seine Selbstheilungskraft wieder zu entfalten.

Der Mensch steht im Mittelpunkt

Heilen beginnt immer mit dem Interesse am Menschen, an der Person, die mir begegnet. In der beziehungslosen Regelmedizin ist das kaum der Fall, oftmals wird sogar die urärztliche Frage nach dem »Wie geht es Ihnen?« ausgeklammert. Wie soll da – ohne Bezug und Vertrauen – ein Prozess angestoßen werden? Ob aus Mangel an Abrechnungsmöglichkeiten oder aus Mangel an Empathie sei dahinhingestellt. Klar ist: Ohne diese Basis kann kein wirklicher Kontakt stattfinden. Denn der Patient muss das Gefühl haben, ernst genommen zu werden.

Es ist unabdingbar für den Heilungsprozess, dass der Patient sich gesehen fühlt. Nur so ist er bereit, sich zu öffnen.

Der Patient sollte sich als Partner verstehen, daher muss ich ihm auch die Hintergründe, die zu seiner Krankheit führten, anschaulich und einfach erklären. Damit er die Prozesse verstehen kann, die ich beziehungsweise wir zusammen durch die Behandlung anstoßen möchten.

Jeder Mensch ist ein offenes System. Das bedeutet, es fließen tagtäglich Reize und Energie in uns hinein – durch die Nahrungsmittel, die wir zu uns nehmen, durch die Umgebung, den Verkehr, den Wohnort und die Menschen, mit denen wir leben und arbeiten, durch unsere Gedanken und Emotionen, die freundlich, konfliktbehaftet, anstrengend, ärgerlich oder sogar wütend sein können. All das macht etwas mit uns und unserer Gesundheit. Denn was ist Gesundheit anderes als das Hin- und Herwogen all dieser Komponenten?

Werden wir krank, ist das Gefüge in ein Ungleichgewicht gerutscht. Sind wir gesund, besteht eine Balance zwischen all diesen Dingen, die in uns hineinfließen, die durch die Prägungen oder die DNA in uns angelegt sind und mit anderen Menschen, Situationen, Stoffen, Umgebungen im Austausch stehen.

Und was da nicht alles tagtäglich auf uns an Informationen, Gesprächen, Stoffen einprasselt! Wir atmen pro Tag alleine 10 000 Liter Sauerstoff ein und damit unzählige Bakterien, Viren und Staubpartikel, trinken zwei Liter Flüssigkeit, nehmen circa zwei Kilo Nahrung zu uns und 125 Megabyte pro Sekunde an Informationen auf: Im Gehirn wird nicht nur verarbeitet, wie hoch die Körpertemperatur ist, was wir riechen, sehen, hören, fühlen, sondern auch, dass wir durchschnittlich 250-mal am Tag auf unser Smartphone oder unser Tablet schauen, Telefonate und Gespräche führen. Nicht zu vergessen der Endlosdialog in unserem Kopf, die Begegnungen mit anderen, To-do-Listen, E-Mails, das alles muss unser Körper kognitiv, muskulär, hormonell, mikrobiologisch, immunologisch, emotional verarbeiten.

Dass das Immunsystem auch durch die Psyche gesteuert wird, ist seit Ende der 70er-Jahre bekannt. Das heißt, wenn wir Ärger haben und nicht gut gestimmt sind, schlägt sich das auf unser Immunsystem nieder, ist die Darmflora nicht in Ordnung, leidet die Psyche darunter. Das eine beeinflusst das andere, es gibt keine Einbahnstraßen. Das Unterbewusstsein wird durch den Darm gesteuert, wenn wir sauer und gestresst sind, kann das das Milieu im Darm negativ beeinflussen und damit auch unser Immunsystem.

Und bei alldem geht es darum, in unserer Mitte zu bleiben. Auch beim Behandeln eines körperlichen Problems, eines chronischen Unwohlseins geht es darum, dass der Einzelne wieder in seine Balance zurückfindet beziehungsweise diese überhaupt erst entdeckt. Nur so kann er tatsächlich, um bei der Metapher mit dem Föhn zu bleiben, den Sender, den er eingestellt hat, nämlich sein wahres Ich, perfekt hören und zum Ausdruck bringen. Nur hier – in dieser Ausgeglichenheit (jenseits des krank machenden Störfeldes) – befindet sich dauerhafte Gesundheit.

Die meisten Menschen aber, die mich aufsuchen, kommen mit einem Leidensdruck. Oftmals waren sie schon bei vielen unterschiedlichen Fachärzten. Sie klagen über wiederkehrende Rückenschmerzen, Kopfschmerzen, Verdauungsprobleme, permanente Müdigkeit und vieles mehr. Das sind klare Signale des Körpers, uns auf ein Ungleichgewicht hinzuweisen.

Und es gibt immer ein Hauptstörfeld auf einer der von mir postulierten Ebenen, das gefunden und auf jeden Fall mitbehandelt werden muss.

KAPITEL 2

Der Organismus – ein ganzheitliches System auf vier Ebenen

Der Mensch ist ein offenes System. Er tauscht sich mit anderen Menschen aus, denkt und handelt nach bestimmten Prinzipien, ärgert sich über Kollegen, den Partner, die Familie, fühlt sich ausgeschlossen oder rundum wohl. Er ernährt sich von Hausmannskost, vegetarisch oder von Fast Food, weil er das so von zu Hause mitbekommen hat beziehungsweise weil er sich von Ernährungstrends und Kochmagazinen inspirieren lässt. Er hat möglicherweise eine Lebensmittelunverträglichkeit oder reagiert, ohne es zu wissen, auf Gold-Inlays oder titanbeschichtete Brackets allergisch. Er kann sich beim Sport oder am Arbeitsplatz ein Bein oder die Hand brechen, mit dem Auto einen Unfall haben, einen Schnupfen bekommen, weil er bei Regen mit dem Rad fuhr, oder er wird mit Entzündungen und Schmerzen zu kämpfen haben, die ihm gelegentlich oder in regelmäßigen Abständen zusetzen.

Um dieses doch sehr komplexe System einer Ordnung zu unterziehen und als Komplementärmediziner leichter eine Diagnose stellen zu können, betrachte ich den Menschen aus vier Blickwinkeln. Ich spreche in diesem Fall von Ebenen und teste, auf welcher Ebene sich das primär krank machende Störfeld befindet. Dieses gilt es dann zu bearbeiten und das System aus seiner Starre in Bewegung zu bringen. Das ist der erste Schritt, um gesund zu werden. Es sind das:

1. die strukturelle Ebene
2. die regulative Ebene
3. die psycho-emotionale Ebene
4. die geistige Ebene

Der Hand-Mudra-Test

Um zu erfahren, wo sich das Störfeld befindet, mache ich den sogenannten Hand-Mudra-Test. Das sind Handhaltungen, die unser Organismus beziehungsweise unser Bewusstsein versteht, ohne darüber nachdenken zu müssen. Sie stammen aus Indien und sind im Yoga wichtig.

Das berühmteste Hand-Mudra in Deutschland ist wohl die sogenannte Raute von Angela Merkel, wenn sie ihre Hände in dieser Form vor ihren Nabel hält. Damit zeigt sie an: »Ich bin in meiner Mitte, ich lasse nichts mehr in mich rein und gebe nur das preis, von dem ich persönlich überzeugt bin. Ich bin authentisch.« Andere Hand-Mudras kennen wir von Buddha-Figuren, die uns sofort verständlich sind. Sie drücken zum Beispiel ein Stopp oder eine gebende Haltung aus.
Es hat sich herausgestellt, dass es Hand-Mudras gibt, die eine Beziehung zu den vier von mir eingeführten Ebenen haben, nach denen ich seit acht Jahren arbeite. Und ich teste die Ebenen mit der Frage ab: Wo liegt das primäre Störfeld?

1. Die strukturelle oder zelluläre Ebene

Auf dieser Ebene werden unsere Körperzellen direkt beeinflusst. Das Störfeld kann ein Unfall, ein Trauma ebenso wie eine angeborene oder aber erworbene strukturelle Fehlhaltung sein. Alle Notfälle zählen darunter: Unfälle, Muskelfaserrisse, Knochenbrüche, Blinddarmentzündungen, Darmverschlüsse oder ein Magendurchbruch. Auch ein Herzinfarkt oder ein Schlaganfall gehören dazu. Und ihnen gemeinsam ist, dass sie ein sofortiges Handeln erforderlich machen, um das Leben des Patienten zu retten beziehungsweise die Schäden auf der strukturellen und der zellulären Ebene so klein wie möglich zu halten.

Diese erste Ebene ist das Hauptarbeitsgebiet der Schulmedizin, die mit ihren hochspezialisierten Fachkollegen, den Chirurgen, Neurologen, Orthopäden, und der hervorragenden technischen Ausrüstung wirklich Fantastisches leistet.

Es gibt aber auch strukturelle Probleme, die zu Beschwerden führen können, die nicht unbedingt in der Akutmedizin beheimatet sind. Dazu gehören zum Beispiel ungleich lange Beine, der Verlust eines Beines oder Armes oder Lähmungen nach einem Schlaganfall.

In solchen Fällen wird der Organismus ständig versuchen, sein ursprüngliches Gleichgewicht wieder zu erreichen, was in vielen Fällen nicht möglich ist. Dies ist das Gebiet der Physiotherapeuten, Ergotherapeuten und aller Reha-Maßnahmen, um dem Patienten ein relativ gutes Leben zu ermöglichen.

Auf dieser Ebene finden sich keine chronischen Erkrankungen, sondern akute Problemstellungen beziehungsweise die Folgen von Traumata.

Es ist natürlich klar, dass alle Ebenen untereinander verbunden sind und sich gegenseitig beeinflussen. Selten aber wird auf der strukturell-zellulären Ebene ein Komplementärmediziner, wie ich es bin, aufgesucht.

Je weiter Sie aber in den Ebenen weitergehen, desto näher kommen Sie zu meinem Arbeitsfeld. Wenn etwa nach einer Operation Schmerzen nicht mehr verschwinden, Entzündungswerte wie erhöhte weiße Blutkörperchen, C-reaktives Protein (CRP) oder die Körpertemperatur nicht auf Normalniveau sinken, dann kann ein alternativer Mediziner gefragt sein. Weil es ihm darum geht, die Ursachen zu finden, die zu solchen Einheilungsstörungen beziehungsweise Dysharmonien führen und Erkrankungen zu Dauerbeschwerden werden lassen. Vor allem dann, wenn Heilung schnell-schnell passieren soll und dafür – ohne nachzudenken – Medikament X oder Y verschrieben beziehungsweise eingeworfen wird, Nebenwirkungen dabei völlig außer Acht lassend.

Eines der großen Probleme der normalen Medizin ist für mich, dass die wirklich sehr effizienten Akut-Medikamente, die eigentlich nur im Notfall und über kurze Zeit eingenommen werden sollten, einfach weitergegeben werden, ohne zu hinterfragen: Warum bestehen die Beschwerden fort? Schlecht heilende Brüche sind dafür ein gutes Beispiel.

So hatte ich einmal eine Patientin, die ein Friseurgeschäft in einem Krankenhaus betrieb. Normalerweise sieht sie ihre Kunden nur einmal. Als jedoch eine Kundin ein weiteres Mal bei ihr zum Haareschneiden vorbeischaute, hakte sie nach. Sie erfuhr, dass der operierte Beinbruch ihrer Kundin seit Wochen nicht richtig zusammenwachse und die Ärzte ratlos seien. Da empfahl ihr die Friseurin einen Besuch bei mir, und am darauffolgenden Samstag suchte mich die Patientin auf.

Von einer früheren Unterleibsoperation hatte sie eine große Narbe am Unterbauch. Seit diesem Eingriff klagte sie immer mal über kalte Füße, und bei einem Wetterumschwung spürte sie ihre Narbe.

Für mich als Neuraltherapeut war sofort klar: Die Narbe ist das Störfeld, und ich unterspritzte sie. Gleichzeitig empfahl ich ihr, die Narbe mit einer rezeptfreien Ionensalbe einzureiben und nachts eine mit Papier beschichtete Alufolie (zum Beispiel vom Hendlstand) darüberzukleben.

Einige Tage später setzte die sogenannte Kallusbildung ein. Das heißt, neuer Knochen bildete sich, der Bruch heilte.

Als der behandelnde Chefarzt das sah, wollte er wissen, was in den letzten Tagen passiert sei. Sie berichtete ihm von unserem Treffen, und seit diesem Zeitpunkt schickte der Chefarzt mir bis zu seiner Emeritierung alle Patienten mit schlecht heilenden Brüchen.

Dieses Beispiel zeigt, dass die Ursache dafür, dass der Organismus sein Gleichgewicht nicht findet, auch im alternativ-medizinischen Bereich auf der zellulären Ebene liegen kann. Und dass es keinen Sinn hat, einfach nur Entzündungshemmer und Schmerzmittel zu verordnen, wenn ein Bruch nicht heilt.

In diesem unserem wunderbaren System Mensch ist alles auf Selbstheilung angelegt, und wir Ärzte sollten nie aufhören, die Warum-Frage zu stellen.

Es ist nicht zielführend, einfach nur weiterzumachen, weil man das schon immer so gemacht hat. Und an dieser Stelle appelliere ich nicht nur an die Ärzte, sondern auch an die Patienten. Auch sie haben eine Verantwortung für ihre Gesundheit und sollten diese nicht an den Gott in Weiß abgeben. Auch sie sollten sich fragen: Gibt es noch andere Möglichkeiten, alternative Ansätze?

Leider wird ihnen oft Angst gemacht, wenn sie die Frage nach alternativen Ansätzen stellen. Ein beliebter Killersatz ist: »Wenn Sie das wollen, garantiere ich für nichts.« Was soll ein Patient in seiner Not machen, wenn der Fachmann ihm vermittelt, er wüsste alles und würde sogar eine Garantie übernehmen?

Bei den Patienten, die zu mir kommen, hat dies mit der schulmedizinischen Garantie auf Heilung offensichtlich nicht hingehauen, und sie suchen nach Alternativen.

Ich mache den Kollegen keine Vorwürfe: Sie werden in einem System ausgebildet, das nach der gaußschen Normalverteilung 60 Prozent der Patienten hervorragend hilft, sich beziehungsweise ihren Organismus selbst zu heilen. Allerdings bei den 20 Prozent auf jeder Seite der Verteilung greifen diese Mechanismen nicht. Wer hilft denen?

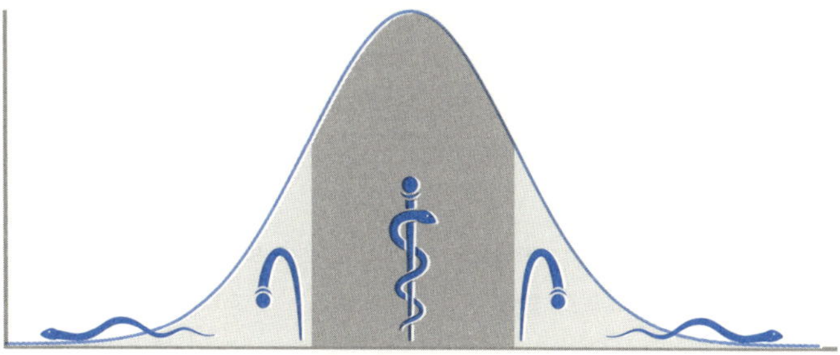

Diese Menschen sind ständig auf der Suche nach jemandem, der sie ernst nimmt und ihnen helfen kann. Sie telefonieren sich die Finger wund, nehmen weite Wege auf sich und geben oft Unmengen Geld aus.

Vielleicht erkennen Sie sich oder Ihr Problem in einigen Beschreibungen und Anmerkungen. Sie bekommen dadurch die Chance, über sich nachzudenken und einen neuen Weg auf der Suche zu Ihrer Gesundheit zu beschreiten.

Wir Therapeuten müssen Menschen ernst nehmen und sie nicht alleinlassen. Und das Thema subjektive Gesundheit ist ein großes! Deswegen darf ich als Arzt nie aufhören, neugierig zu sein und konkret diesem Menschen, der vor mir sitzt, helfen zu wollen. Vielfach gibt es dafür keine Regelmedizin, die durch randomisierte Doppelblindstudien abgesichert ist, aber dem Patienten kann ein ungewöhnlicher Versuch oft weiterhelfen!

2. Die regulative biochemische Ebene

Auf dieser Ebene steht das Zusammenspiel physiologischer Abläufe im Fokus. Es geht um die Regelkreise in unserem Körper, und wir besitzen eine Menge von Regelkreisen, die unser Leben im Gleichgewicht halten. Sie bestimmen verschiedenste Funktionen: die Ausschüttung von Hormonen, die Verdauung, die Ausscheidung, den Herzrhythmus, die Sauerstoffversorgung, die Zellerneuerung oder das Immunsystem, um nur einige zu nennen.

Auf dieser Ebene sind alle Berufssparten tätig, die sich mit Gesundheit und Krankheit beschäftigen. Ärzte, Apotheker, Heilpraktiker, Osteopathen, Yogalehrer, Masseure und viele mehr.

Sie alle wollen dem Menschen etwas Gutes tun und verfolgen unterschiedliche Ansätze, um aus dem Lot geratene Regelsysteme wieder ins Gleichgewicht zu bringen.

Haben wir Schmerzen oder fühlen wir uns nicht wohl, suchen wir unterschiedliche Therapeuten auf. Ist es etwas Akutes, helfen uns die sogenannten Anti-Mittel oft schnell weiter. Das Symptom verschwindet, und wir fühlen uns wieder fit. Kehren die Beschwerden aber nach Absetzen des Anti-Mittels wieder, sollten wir uns die Warum-Frage stellen. Dann ist etwas im Gange, das die Heilung behindert.

Ein Beispiel: Ein Patient hat Sodbrennen oder eine Magenschleimhautentzündung. Er geht zum Arzt und erhält ein Rezept für Protonenpumpenhemmer (PPI). Dieses Medikament – ein Anti-Magensäuremittel – unterbindet, dass die Protonenpumpe Magensäure, die in den Belegzellen des Magens gebildet wird, in den Magen pumpt. Die Folge: Die Beschwerden verschwinden, da die starke Salzsäure im Magen die entzündete Schleimhaut nicht richtig heilen lässt und man ihr dadurch Zeit verschafft, sich wieder zu regenerieren.

Das scheint erst einmal alles schön und gut: Der Patient hat keine Schmerzen mehr und fühlt sich wohl. Doch was passiert, wenn er die PPI absetzt? Fangen die Beschwerden wieder an?

Es gibt dann zwei Möglichkeiten, damit umzugehen:

Ich gebe einfach die PPI weiter. Damit habe ich zumindest einen anfangs zufriedenen Patienten. Doch das ist Augenwischerei, da es nur eine Behandlung der Symptome mit dem Anti-Mittel für akute Beschwerden ist. Eigentlich müsste jetzt nachgeprüft werden, was die Magenschleimhaut derart gereizt hat, dass sie sich immer wieder entzündet.

Außerdem hat die Evolution den Magen so ausgestattet, dass er Magensäure produziert, was für den Regelkreis Verdauung absolut wichtig, ja sogar notwendig ist! Denn warum brauchen wir Magensäure? Wir alle nehmen Proteine in Form von Fleisch oder Milchprodukten zu uns. Die Magensäure spaltet diese auf, und sie gelangen in den eher basischen Dünndarm, wo sie weiterverdaut werden. Fehlt plötzlich die Säure, landen sie dort ohne Vorverdauung und können nicht richtig verarbeitet werden. Nitrosamine und Ammoniak nehmen überhand und werden plötzlich durch die Darmwand ins Blut abgegeben. Beide Stoffe beeinflussen die Leber als Entgiftungsorgan und wirken sich nachteilig auf unser Nervensystem aus.

Das beeinträchtigt die Leber und die Nieren, die für die Entgiftung zuständig sind. Werden die beiden Organe zu lange überbelastet, entstehen dort ebenfalls Störungen, die sich auf den gesamten Organismus nachteilig auswirken.

Damit nicht genug. Ein intaktes Magenmilieu, das heißt mit und nicht ohne Magensäure, ist essenziell, um unseren Vitamin-B12- und Folsäure-Spiegel in der Balance zu halten.

Alle Patienten, die über längere Zeit PPI einnehmen, leiden zumindest unter einem Vitamin-B12- und Folsäure-Mangel, so meine Erfahrung. Dieser Mangel führt zu weiteren Problemen, etwa Schlafstörungen, Müdigkeit, Nervosität, Vergesslichkeit oder Herz-Kreislauf-Beschwerden.

Da die Magensäure auch Bakterien und Krankheitserreger abtötet, die mit der Nahrung, mit Getränken oder der Luft in den Verdauungstrakt gelangen, fällt diese Barriere auch weg, wenn PPI die Magensäureproduktion ausschalten. Es ist daher eine logische Konsequenz, dass es zu einer Zunahme von bakteriellen Darminfektionen und zu einer Fehlbesiedelung der Darmschleimhaut kommt, zum Beispiel mit dem Bakterium Clostridium difficile.

Dieses Potpourri an Veränderungen durch nur ein Medikament greift langfristig auch in unser Immunsystem ein, mit all seinen negativen Folgen. Denn: 80 Prozent des Immunsystems sind auf der Darmschleimhaut angesiedelt. Deswegen ist es so wichtig, ein normales, natürliches Milieu an physiologischen Bakterien in unserer Schleimhaut aufrechtzuerhalten. Sonst können sich leicht chronische Erkrankungen einschleichen.

Wer sich die Mühe macht, tiefer zu blicken, der begreift schnell, wie komplex die Auswirkungen eines Medikaments sind, das es sogar rezeptfrei in jeder Apotheke zu kaufen gibt.

Für mich als Ganzheitsmediziner ist eine solche Medikamentengabe unverantwortlich und bringt – außer für die Pharmafirmen – keinen Mehrwert für den Patienten. Doch die Werbung mit dem Versprechen: »Das Schlucken dieses Medikaments lässt Sie ohne saures Aufstoßen und Magenbeschwerden wieder glücklich sein« sorgt laut Schätzungen der US-Arzneimittelbehörde FDA für einen Jahresumsatz von 13 Milliarden US-Dollar (siehe Rüdiger Meyer im Literaturverzeichnis).

Nur: Ist das wirklich Heilung? Denn die Frage, warum die Magenschleimhaut sich immer wieder entzündet, ist nicht gelöst. Ich stelle mir zusammen mit meinem Patienten diese Frage und überprüfe beispielsweise auf der regulativen Ebene, was der Auslöser dafür sein könnte.

Eine Magenschleimhautentzündung – um bei unserem Beispiel zu bleiben – kann mit ganz simplen Dingen zusammenhängen. Etwa, dass im Büro immer Kaffee vorrätig ist. Da kann es passieren, weil mir Kaffee schmeckt, er schön warm ist und ich mir nichts dabei denke, dass ich über den Tag hinweg mehrere Tassen trinke. Mit einer Tagesbilanz von einem Liter und mehr. Weil es so bequem ist, der Gang in die Kaffeeküche eine schöne Abwechslung von der Arbeit ist, meist verbunden mit einem Plausch mit den Kollegen, die sich ebenfalls eine Tasse Kaffee genehmigen, sich dort Tee brühen oder einen Salat zubereiten.

Es kann aber auch sein, dass eine Nahrungsmittelunverträglichkeit zugrunde liegt und deswegen das Mikrobiom – also die Darmflora – durch eine Entzündung und Übersäuerung aus dem Gleichgewicht geraten und so das Sodbrennen oder das saure Aufstoßen verursachen. Ich rate dann zu einem Bluttest, um die Nahrungsmittelunverträglichkeit abzuklären, und zu Basenpulver, um die Übersäuerung auszugleichen. Unterstützend kann Enziantee getrunken werden. Er reduziert die Säureproduktion. Auch Heilerde besänftigt einen Reizmagen und begünstigt den Aufbau einer gesunden Darmflora.

All jene, die bereits PPI nehmen, dürfen das Medikament nicht sofort absetzen. Es muss langsam ausgeschlichen werden, wie dieser Prozess im Berufsjargon heißt. Eine genaue Anleitung und Medikation gebe ich in Kapitel 10, Seite 247.

Doch ich betrachte mein Gegenüber nicht nur auf der regulativen Ebene, die für die Schulmedizin bereits das Ende ihres Wirkungsradius darstellt, sondern, ich betone es noch einmal, auch auf den nächsten beiden Ebenen. Denn die Ebenen hängen alle miteinander zusammen. Warum? Weil der

Mensch ein hochkomplexes System ist, mit einem Körper und einem Geist. Er isst, spürt, denkt, handelt – kein Mensch ist wie der andere, jeder ist individuell und verschieden.

Oftmals muss man auf verschiedenen Ebenen gleichzeitig behandeln, um einen sofortigen Effekt zu erzielen. Grundsätzlich muss aber die Ebene mit dem primären Störfeld gefunden und behandelt werden, um eine nachhaltige Heilung zu erzielen. Bei jedem Patienten denke ich lange nach, bis ich dieses Mosaiksteinchen gefunden habe.

3. Die psycho-emotionale Ebene – die Gefühlsebene

Wenn jemand mit dem Mobbing in der Arbeit nicht zurechtkommt oder mit einem Chef, der ihn an seinen cholerischen Vater erinnert, und er deswegen eine Magenschleimhautentzündung bekommt, dann liegt die Ursache meist in ungelösten Konflikten. Ein bestimmtes Verhalten löst diesen Konflikt aus, was sich oft auf dem sogenannten Magenmeridian mit den zum Magenmeridian gehörigen Gefühlen zeigt (zur Typologisierung siehe Seite 202). Gleichzeitig kommt es zu Glaubenssätzen wie »Ich werde nicht gemocht«, »Ich fühle mich machtlos«, »Ich kann etwas nicht verdauen« oder »Es liegt mir etwas im Magen«.

Frühkindliche Traumata beziehungsweise Gefühlskonflikte spielen auf dieser, der psycho-emotionalen Ebene häufig eine entscheidende Rolle. Erworben in unserer Kindheit haben sich diese alten Glaubenssätze und Verhaltensmuster im Lauf des Lebens tief in unser Unterbewusstsein eingebrannt. Geraten wir in eine bestimmte, dem Trauma ähnliche Situation, ruft das die bekannten Gefühlswelten und die damit verbundene Ohnmacht, Selbstentwertung oder Machtlosigkeit aus Kindertagen wach.

Solche magenverstimmenden Konstellationen können nicht nur im Berufsalltag auftreten, sondern auch im Privatleben. Denn Stellvertreter für die in der Regel väterlich oder mütterlich prägenden Verletzungen gibt es nicht nur im Job (durch ebenso agierende Chefs, Kollegen, Mitarbeiter), sondern auch im Privaten (durch Ehepartner, Freunde, Freundinnen und viele mehr).

Hier ein Beispiel: Vor Kurzem kam eine junge Frau zu mir in die Praxis, die unter ständigen Bauchschmerzen litt. Sie wurde mir von einem naturheilkundlich interessierten Kollegen überwiesen. Die schulmedizinische Diagnose lautete: Reizdarm und Gastritis. Sie wurde bereits mit vielen guten Therapien im Sinn der Milieupflege behandelt. Doch der große Durchbruch stellte sich nicht ein. Immer wieder wurde sie von starken Schmerzen heimgesucht. Bei meinem Ebenen-Test fand ich heraus: Die Hauptursache lag auf der psycho-emotionalen Ebene.

In solchen Fällen hat sich bei mir die sogenannte Psycho-Kinesiologie nach Dr. Dietrich Klinghardt sehr bewährt. Der Forscher und Arzt lebt und arbeitet heute in den USA. Er ist ein sehr kreativer Kopf, der es schaffte, viele Verfahren zu verknüpfen und in dieser einen Methode effektiv zu bündeln. 2013 wurde er in Los Angeles mit dem »Lifetime Achievement Award« für seine Leistungen in der integrativen Medizin ausgezeichnet.

Effizient wie tiefschürfend: die Psycho-Kinesiologie

Die Psycho-Kinesiologie geht davon aus, dass im Unterbewusstsein alles gespeichert ist, was wir jemals erlebt haben. Wenn traumatische Erlebnisse – etwa wenn sich ein Kind von der Mutter übersehen fühlte oder der Vater Mutter und Kinder tyrannisierte beziehungsweise nach einem Streit die Mutter verlassen hat und das Kind sich dafür schuldig fühlte – nicht an die Oberfläche kommen, um verarbeitet zu werden, dann versuchen sie, durch körperliche Symptome oder Verhaltensauffälligkeiten »auf sich aufmerksam zu machen«. Oft kommt es dabei zu einer heftigen Überreaktion. Sie ist die mitgeschleppte Notwehrreaktion, in der wir damals extremen Stress erlebten, diesen aber nicht gefühlsmäßig verarbeiten konnten – weil wir uns ohnmächtig oder starr vor Angst erlebten.

Dass dem so ist und dass unser Gehirn auch auf eingebildete oder frühere Gefahren genauso reagiert wie auf tatsächliche, haben psychologische Studien nachgewiesen.

Um verborgenen Glaubenssätzen auf die Spur zu kommen, stelle ich dem Patienten bei der Psycho-Kinesiologie Fragen und teste, ob er mit einem starken oder schwachen Muskel antwortet. Ob sein Körper ein Ja oder Nein signalisiert, noch bevor sein Geist überhaupt darüber nachdenken kann. Bei einem Nein reagiert der Körper leicht gestresst, aus diesem Grund reagiert der Muskel schwächer.

Die Methode ist deshalb so gut, weil man sofort an das Unterbewusstsein herankommt, ohne dass der Patient auf vorgefertigte Erklärungen zurückgreifen kann, die er sich im Lauf des Lebens zurechtgelegt hat.

Mithilfe dieses körperlichen Jas und Neins gelange ich an Traumata und an ungelöste Konflikte. Ich stelle dazu Fragen wie »Hat der Konflikt mit materiellen Dingen zu tun?«, »Mit anderen Menschen?«, »Mit meinem Rollenverständnis?«, »Mit meinen Eltern?«, »Mit meiner Mutter?«, »Mit meinem Vater?«, »Wann ist dieser Konflikt aufgetreten zwischen null bis fünf Jahren?«, »Zwischen fünf bis zehn?«, »Mit welchem Gefühl hat er zu tun, mit Wut, mit Freude, mit meiner Sehnsucht nach Liebe?«.

So erhalte ich drei Koordinatenpunkte.

Bei einer Patientin kamen folgende drei Koordinatenpunkte heraus:

1. Das Trauma hat sich bei ihr im Alter von neun Jahren manifestiert.
2. Es hatte mit der Mutter zu tun.
3. Es ging um das Gefühl, sich zurückgesetzt zu fühlen.

»Was haben Sie damals erlebt?«, richtete ich mich direkt an sie. Dazu beschrieb sie folgende Situation: »Als ich neun Jahre alt war, kam mein Bruder zur Welt. Kurz nach der Entbindung kam meine Mutter mit meinem Bruder nach Hause. An diesem Nachmittag kamen viele Gäste – Onkel, Tanten, Großeltern, Nachbarn. Ich saß auf dem Sofa, doch keiner beachtete mich. Alle kümmerten sich nur um das Baby.«

Dieses Gefühl, sich zurückgesetzt zu fühlen, hatte sich so tief in ihr Unterbewusstes eingebrannt, dass sie in ähnlichen Situationen etwa mit einer Freundin oder mit Kollegen im Job genauso reagierte. Sie zog sich zurück, steckte den Kopf in den Sand und wartete auf Zuwendung. Blieb diese aus, nahm das Gefühl, »nichts wert zu sein«, von ihr Besitz, und sie reagierte mit Beschwerden.

Bei der Psycho-Kinesiologie ist es möglich, durch entsprechende Methoden die Gefühle vom ursprünglichen Trauma abzukoppeln. Das ist ganz wichtig. Denn nur so lässt sich über ein erlittenes Trauma reden, ohne ständig das belastende Gefühl erleben zu müssen. Oft spüren die Patienten das Gefühl so stark, dass sie zu zittern oder zu weinen beginnen. Aber im Verlauf der Sitzung und nach dem Entkopplungsvorgang ist es möglich, ohne diese Gefühlswallung darüber zu reden. Sie können dann die traumatische Situation, die als ständiger Konflikt in ihrem Unterbewusstsein aktiv ist, plötzlich wie von außen betrachten, ohne gleich wieder in das negative Gefühl einzutauchen und davon beherrscht zu werden.

Natürlich sind alte Konflikte dadurch nicht plötzlich weg. Es braucht ein regelrechtes Training, um die eingebrannten Verhaltensmuster beziehungsweise negativen Glaubenssätze zu verändern oder zu überspielen.

Schließlich läuft bei diesen Menschen im Unterbewusstsein ständig ein Endlostonband ab, mit Sätzen, die beispielsweise lauten: »Du bist nichts wert«, »Du darfst nicht glücklich sein«, »Deine Mutter liebt dich nicht«, »Du darfst keine Gefühle zeigen«.

Es gibt natürlich eine Vielzahl von derartigen Glaubenssätzen. Zum Teil werden sie offenkundig während unserer Sitzung, manchmal muss ich mich auch an den jeweiligen Akupunkturmeridian halten. Er zeigt mir dann, welche verkrusteten alten Glaubenssätze dort im Verborgenen ihr Unwesen treiben. Zu jedem dieser Meridiane wurde von verschiedensten Therapeuten viel Vorarbeit geleistet und entsprechende Gefühle und Glaubenssätze wurden definiert. Bei einer psychokinesiologischen Testung tritt allerdings immer wieder der Fall auf, dass der Körper manche Sätze, sowohl in der positiven wie in der negativen Form, mit einem Nein beantwortet.

Teste ich etwa den Satz: »Ich darf meine Gefühle zeigen« und »Ich darf meine Gefühle nicht zeigen«, und der Patient reagiert bei beiden schwach, dann zeigt mir das, dass jedes Mal, wenn er in eine Situation kommt, in der er Gefühle wie Freude oder Wut zeigen will oder sollte, er sich in einer widersprüchlichen Situation wiederfindet und nicht weiß, wie er sich verhalten soll.

Werden die eingebrannten Konflikte nicht bearbeitet, bleibt immer das gleiche Reaktionsmuster bestehen. Im oben beschriebenen Beispiel das Nicht-Zeigen der Gefühle und das Sichzurückziehen. Da aber die anderen Gefühle nicht so einfach verschwunden sind, suchen sie sich einen anderen Weg, um auf sich aufmerksam zu machen. In diesem Fall das Symptom Bauchschmerzen.

Beim Test dieser Patientin kamen zwei Glaubenssätze zum Tragen, die sie bislang in eine solch widersprüchliche Lage gebracht haben. Nämlich: »Ich darf Gefühle nicht zeigen, und ich kann mich nicht ändern« und »Ich darf meine Gefühle zeigen, und ich kann mich ändern«.

Um die negativen Glaubenssätze im Unterbewusstsein zu überspielen, kann jeder selbst aktiv werden. Man geht bei der Psycho-Kinesiologie folgendermaßen vor: Man beklopft den Akupunkturpunkt Dünndarm 3. Dieser befindet sich, macht man eine geschlossene Faust, außen an der Basis des kleinen Fingers. Dreimal mal täglich klopft man mit einem Finger der anderen Hand an diese Stelle, während man die beiden positiven Sätze: »Ich darf meine Gefühle zeigen« und »Ich kann mich ändern« siebenmal wiederholt. Der Akupunkturpunkt

Dünndarm 3 ist sozusagen der Aufnahmeknopf für das Tonband des Unterbewusstseins.

Dieses Vorgehen ist eine Art Selbstmeditation und ein Trainingsprogramm. Es lässt den Patienten seine aktive Rolle finden, die es ihm ermöglicht, das eigene Schicksal wieder selbst in die Hand zu nehmen.

Bei der Abschlussbesprechung forderte ich die junge Frau auf, sich nach dem Einklopfen der Sätze mental in die damalige Situation zu versetzen und sich aus dem Fächer der unterschiedlichen Verhaltensmöglichkeiten eine herauszusuchen, bei der sie sich am wohlsten fühlen würde. Zum Beispiel, dass sie aufsteht und mit dem Fuß aufstampft oder sich – als der Bruder nach Hause kommt – an den Hals der Mutter wirft oder Ähnliches. Es sollte ihr aufzeigen, dass jeder von uns immer auch eine andere Karte aus dem Fächer ziehen kann.

Für den Patienten ist es wichtig, vier Wochen lang diesen neuen Satz nun täglich einzuklopfen, erst dann ändert sich die Programmierung im Unterbewusstsein. Erst dann gelingt es, das mentale Entwertungstonband an der negativen Stelle abzustellen. Es kann sein, dass nun ein weiterer Glaubenssatz auftritt oder ein weiterer Konflikt in den Vordergrund tritt. Das ist nichts Ungewöhnliches, weil wir – um zu überleben – um Verletzungen Schutzhüllen gezogen haben, die unser Innerstes wie Zwiebelschalen umgeben.

Die Patientin rief mich circa vier Wochen nach der Sitzung an. Sie bedankte sich für die Behandlung: Seit sie mit dem Trainingsprogramm angefangen und sich die positiven Glaubenssätze konsequent dreimal täglich eingeklopft habe, sagte sie, seien ihre Bauchschmerzen total verschwunden. Sie war überglücklich. Ja, bei einigen Patienten ist es wie ein Erwachen: Plötzlich ist die Ursache klar, warum alle Ärzte nichts fanden. Das Problem lag nicht auf der körperlichen, sondern auf der psycho-emotionalen Ebene.

An diesem Beispiel sehen Sie, wie Störfelder auf der psycho-emotionalen Ebene massive Auswirkungen auf den gesamten Organismus haben können. Läuft ein derart negatives Programm ab, können Sie noch so sehr den Darm behandeln, die innere emotionale Zerrissenheit wird nicht weggehen. Erst wenn man dieses Programm ausfindig gemacht, entkoppelt und umgepolt hat, kann sich Heilung einstellen. Klar, für jemanden, der sich durch zu viel Kaffeegenuss eine Magenschleimhautentzündung holt, erübrigt sich diese Betrachtung. Aber so etwas ist ein glücklicher Einzelfall. In der Regel spielen alte Muster und Glaubenssätze, die wir im Lauf unseres Lebens verinnerlicht haben, eine große Rolle bei chronischen Erkrankungen.

Um diesen Balance-Räubern auf die Spur zu kommen, mache ich mit meinen Patienten Psycho-Kinesiologie, rate ihnen aber auch zu einer systemischen Therapie, also zu einer Familienaufstellung, oder mithilfe eines Psychotherapeuten konkret an diesem Konflikt, diesem »Zwiebelring«, zu arbeiten.

Bei all diesen Maßnahmen geht es in erster Linie darum, an seine Gefühle heranzukommen, zu spüren, welche Glaubenssätze mich bestimmen und welche Emotionen sie in mir auslösen. Erst dann ist es möglich, sie umwandeln zu können. Und: Welches Leben wir führen, hängt von der Perspektive ab, die wir einnehmen. Sehe ich das Leben positiv und mich als Schöpfer oder negativ und als Opfer?

Egal wie die Umstände sind, wir machen uns das Leben zu einem Fest oder zu einer Tragödie. Was nicht heißt, dass wir die Augen vor Missständen und Problemen verschließen sollen. Nein. Wir gehen nur anders damit um, wir versuchen, alte Konflikte zu bearbeiten und eine Lösung zu finden. Und wie Sie im nächsten Kapitel über die Epigenetik sehen werden: Die Einstellungen unserer Festplatte lassen sich verändern, das Schicksal eines Menschen wandeln. Das belegt eine Vielzahl von Studien. Und kein Geringerer als wir selbst bestimmt, wie das Leben sein soll. Jeder kann dafür die Verantwortung übernehmen und muss sie nicht an einen Arzt abgeben, der oft lediglich ein Rezept für ein Medikament ausstellt.

Ich bin kein Anhänger der reinen Psychoanalyse, denn bei dieser Therapieform habe ich das Gefühl, dass man zu viel mit dem Verstand versucht, Probleme zu analysieren und sich rational Begriffe dafür zurechtlegt. Dem Patienten hilft es nicht, auf der Couch zu liegen und in langen Sitzungen eventuell herauszufinden, dass er oder sie doch auch von der Mutter geliebt wurde, und verstehen soll, dass halt der kleine Bruder für die Mutter interessanter war.

Gefühl versus Geist

Ich hatte schon viele Patienten, die eine lange Psychoanalyse hinter sich hatten und mir den Stein der Weisen, den sie gefunden hatten, erklären wollten. Sie würden mittlerweile wissen, warum sie solche Eigenschaften hätten, und könnten dies auch genau begründen. Das war toll, doch ihren echten Gefühlen im Unterbewusstsein waren sie leider nicht nähergekommen.

Natürlich: Nicht alle Psychoanalysen laufen schlecht, manchmal kommt es durch das Patient-Therapeuten-Verhältnis zu einer sogenannten Gefühlsübertragung. Bei diesem Vorgang kann der Patient gefühlsmäßig den Konflikt mit dem Therapeuten nachempfinden und sich seiner Gefühle bewusst werden. Aber das Trauma ist vom Gefühl dadurch nicht entkoppelt. Meiner Erfahrung nach ist eine Gefühlsübertragung allerdings sehr selten und braucht viele, viele Sitzungen.

Mit dem einfachen Muskeltest umgeht man das rationale Denken und kommt schneller als jede Psychoanalyse an das Unterbewusstsein, also an die Gefühle. Heilen auf der psychoemotionalen Ebene geht nur über das Fühlen, nicht über den Verstand.

Aber in unserem Kassensystem ist mittlerweile die Psychoanalyse akzeptiert. Großzügig werden da 250 Sitzungen beim Psychotherapeuten bewilligt, doch für Therapieformen, die sich hauptsächlich mit dem Ausdrücken von Gefühlen befassen – wie Tanztherapie, Gestalttherapie oder Maltherapie –, ist es dagegen schwer, die Kassen vom tief greifenden Sinn zu überzeugen. Geschweige denn für Psycho-Kinesiologie.

Es sei wiederholt: Die meisten psychoanalytischen Behandlungen funktionieren über den Kopf und nicht über das Gefühl, über das Spüren. Was rein über den Kopf geht, betrifft nur eine Seite des Menschen. Da fehlt viel, was den Menschen ausmacht. In Studien sind Zahlen starke Größen. Sie liefern harte Fakten und scharfe Argumente, selbst veritablen Kritikern gegenüber. Und wer macht sich schon die Mühe nachzuprüfen, wie viele Patienten tatsächlich gesund wurden, wenn mit Prozentzahlen jongliert wird, oder wer welche Recherche bezahlt hat? Und wer ist Experte genug, um die ins Feld geführten Parameter wirklich verstehen und ihre Stichhaltigkeit einschätzen zu können? Doch das nur am Rande.

Gefühle lassen sich nicht so einfach in Studien packen und sind oft sehr individuell. Das ist in einem System, das für alle die gleiche Behandlung vorsieht, natürlich schwer umzusetzen.

Mir geht es bei aller Rationalität vor allem darum klarzumachen, dass wir auch fühlende Wesen sind, und das darf nicht, auch wenn diese Fähigkeit des Menschen oftmals als schwach und weichlich abgetan wird, vernachlässigt werden. Denn auch wenn die Wissenschaft und die Technokraten, die die Geschicke der Menschheit an zentralen Positionen lenken, Gefühle und Intuition eher belächeln, gehören sie genauso zu uns Menschen wie der Kopf und die Vernunft.

Ich habe auf der Ebene des Psycho-Emotionalen vieles ausprobiert, aber mit Psycho-Kinesiologie die besten Erfahrungen gesammelt. Mit dieser Methode komme ich sehr tief an jemanden heran. Der Patient kann seine Wut, Angst oder Zweifel direkt spüren. Und weil wir damit sehr schnell zum Kern vordringen, reichen meist zwei Stunden Behandlung schon aus, damit sich etwas zeigt und Heilung angestoßen werden kann.

4. Die geistige Ebene: die höhere Bewusstseinsebene

Wie kam ich eigentlich dazu anzunehmen, dass es noch eine weitere Ebene über der psycho-emotionalen geben könnte? Nun, es gab Fälle, bei denen die Behandlungsmethoden der drei vorher beschriebenen Ebenen nicht zielführend waren. Das passiert sehr selten.

Bei den meisten meiner Patienten reicht es, das primäre Störfeld auf der regulativen Ebene zu orten und zu behandeln.

Ich denke mal, das sind 65 Prozent aller Patienten. Bei weiteren 30 Prozent liegt es auf der psycho-emotionalen Ebene und beim Rest auf der geistigen Ebene.

Wenn die Hauptursache auf der geistigen Ebene liegt, zeigt sich das anhand einer Fixierung. Etwa, dass jemand von einem Gedanken völlig eingenommen ist und an fast nichts anderes mehr denken kann.

Harmlosere Varianten, die in diese Richtung deuten, kennen wir alle: zum Beispiel wenn wir als Fan für eine bestimmte Fußballmannschaft schwärmen, politisch von einem Kandidaten oder einer Partei überzeugt sind, uns nach einer Glaubensrichtung im Zusammenleben mit anderen Menschen orientieren oder wenn wir unseren Job zu engagiert ausüben. Das kann von harmloser Leidenschaft in echte Besessenheit münden. Auch im Fall von Eifersucht oder dem Gefühl, grundsätzlich wertlos zu sein, kann das Magenschmerzen bis hin zu Sodbrennen oder gar ein Magengeschwür auslösen – um bei unserem Beispiel mit den PPIs zu bleiben.

Was kann jemand in solchen Fällen tun? Manchmal hilft bei mentalen Verstrickungen eine Pilgerfahrt, den Jakobsweg gehen, sich für einige Zeit in ein Kloster oder Ashram zurückziehen und Meditieren lernen. Das bedeutet, sich innerlich gedanklich leer zu machen. Gelegentlich rate ich auch zum Besuch eines Mediums, eines geistigen Heilers. So verrückt sich das vielleicht anhört, aber ein Medium hat noch einmal einen ganz anderen Blick auf ein Thema und kann neue Möglichkeiten eröffnen, Dinge anders zu betrachten.

Verstehen Sie mich nicht falsch, ich bin Pragmatiker, allerdings nutze ich kreativ wie mutig in meinem Beruf verschiedenste, mir zur Verfügung stehende Instrumentarien, um Menschen, vor allem chronisch Kranke, die mich aufsuchen, zu heilen. Mit sehr gutem Erfolg. Und meine Patienten sind keine Esoteriker, sondern sehr erfolgreiche Menschen, die es sich nicht leisten können, krank zu sein: Freiberufler, Unternehmer, Schauspieler, Gastronomen, Geschäftsführer und leitende Angestellte. Von denen hat keiner Zeit. Die wollen alle schnell gesund werden, und wenn meine Therapiemethoden keinen Effekt hätten, würde keiner kommen. Nur wenn es meinem Gegenüber wirklich hilft, bleibt er dabei: Ihre Gesundheit, ihr Human Capital, ist nämlich ihr höchstes Gut.

Ich kann von mir selbst als Beispiel für eine solche geistige Blockade berichten: Vor Jahren bekam ich ziemliche Magenbeschwerden und wusste mir bald selbst nicht mehr zu helfen.

Mir war bewusst, dass ich eine schwierige Zeit innerfamiliär erlebte, und glaubte, dass meine Magenschmerzen daher rührten. Ich hatte Probleme mit meinem Stiefsohn und damit natürlich auch mit meiner Frau, was mir auf den Magen schlug. Trotz vieler Gespräche, Entspannungstraining, naturheilkundlicher Medikamente blieben die Beschwerden bestehen. Ich war so fixiert von dem Gedanken, mein Stiefsohn könne mich nicht leiden und dränge sich zwischen seine Mutter und mich. Ständig gab es Streit. Fakt aber war, dass ich alles, was der junge Mann machte, unter nur einem Blickwinkel auslegte: »Der mag mich nicht, der will mir Böses.«

Ich war wie blockiert von dieser fixen Idee, und alles drehte sich im Kreis.

Ein befreundeter Kollege berichtete mir, dass es ihm selbst auch einmal so ergangen sei und er Hilfe bei einem Medium suchte. Ich war natürlich sehr skeptisch. Da dieser Freund aber bodenständig und kein Esoteriker war, schrieb ich mir die Telefonnummer auf und rief das Medium an.

Mit vielen Vorbehalten suchte ich diese Frau auf und war total überrascht, was sie mir alles aus meinem Leben erzählen konnte, während sie nur meine Hände hielt. Ich hatte ihr vorher überhaupt nichts über mich gesagt. Sogar Geheimnisse, über die ich mit noch niemandem gesprochen hatte, kannte sie.

Und ich hatte ihr weder von mir noch von meiner Familie erzählt, und unvermittelt sprach sie mich plötzlich auf die Probleme mit meinem Stiefsohn an. Da war ich wirklich tief beeindruckt.

Sie riet mir: »Lassen Sie ihn los. Er soll glücklich werden.«

Manchmal braucht es nicht viel, um einen gordischen Knoten zu durchschlagen. Oft genügt der richtige Satz, zur richtigen Zeit. Zu Hause im Bett vor dem Einschlafen stellte ich mir meinen Stiefsohn vor, sagte mir diesen Satz, entließ ihn sozusagen und war wie erlöst.

Die Magenschmerzen lösten sich daraufhin in Luft auf, und in unser Familienleben zog eine neue Harmonie ein.

Dieses Medium, diese Frau, hat einfach die Lösung gespürt beziehungsweise gesehen und mir das Schwert in die Hand gegeben, den Knoten zu durchtrennen.

Es brauchte für mich keine Erklärungen, es hat einfach funktioniert.

Dieses Phänomen kennen Sie sicherlich auch. Ich denke, im Leben eines jeden Menschen gibt es Verletzungen, die von Personen herrühren, die uns sehr enttäuscht haben oder von denen wir uns sehr enttäuscht fühlen. Einen Vater oder einen Partner zum Beispiel, und an ihnen sehen wir immer nur das

Negative, egal, wie sehr sich der andere bemüht: Er kauft Blumen, und wir sagen: »Hast wieder die billigsten Rosen gekauft«, statt dass wir uns darüber freuen. Oder wir denken: Hat der vielleicht jemand anderen kennengelernt, dass er mir jetzt Blumen mitbringen muss.

Das liegt beiden im Magen: Zum einen dem, der sich bemüht und nicht anerkannt wird, weil er immer einen Vorwurf kriegt. Natürlich kann es sein, dass er einmal einen Fehler gemacht hat. Er will ihn wiedergutmachen, hat aber gar keine Chance, weil seine Partnerin so blockiert ist und nur noch in die eine Richtung denkt.

Doch auch die Partnerin fühlt sich nicht wohl in dieser Situation und hat Magenschmerzen. Vielleicht weil sie sie an ein früheres Trauma erinnert und sie sich deswegen nicht von den negativen Gedanken lösen kann wie: »Habe ich ja schon immer gewusst, geschieht mir recht«, »Männer sind sowieso nichts wert«. Egal was der Partner tut, um wieder für Frieden und Harmonie zu sorgen.

Diese Fixierung ist eine regelrechte Regulationsblockade und oft nicht einfach zu lösen. Und: Gedanken des anderen spürt der Partner und steht ihnen hilflos gegenüber. Er kann machen, was er will, es ist immer verkehrt.

Gedanken sind Energie, und Energie ist spürbar

Ja, auch Gedanken kann man spüren. Sie sind oft wie eine schwere Last: Seit Albert Einstein wissen wir, dass Masse gleich Energie ist. Gedanken sind Energiequanten, die uns manchmal bewusst sind oder auch nur als Möglichkeit, der sogenannten Protyposis, vorhanden sind. Das sind bestimmte

Informationsquanten, die in der Welt vorhanden sind, und erst wenn sie für uns von Bedeutung werden, nehmen wir sie als bewusste Informationsquanten wahr.

Bündeln sich diese Gedanken und drehen sie sich immer wieder um das gleiche Thema, nimmt die gedankliche Energie, die Aufmerksamkeit, in einem Maße zu, dass die Masse beziehungsweise die Last immer größer wird. Diese Last spüren die Patienten sehr deutlich. Es gibt viele Aussprüche, die diesen Prozess anschaulich beschreiben: »Mir liegt ein Stein im Magen«, »Ich bin unter einem Joch«, »Ich werde von einer Last niedergedrückt«, »Ich kann mich von diesem Gedanken nicht lösen«.

Dies ist meine Erklärung für die Formel Einsteins im Bereich meines medizinischen Verständnisses. Der berühmten physikalischen Formel $E = mc^2$ entspricht für mich: E ist Energie, gedankliche Energie. C ist in der Physik die Lichtgeschwindigkeit – in meinem Verständnis das Maß der Intensität der Gedankenblitze. M ist die Masse, bei mir die Schwere der Last, die man buchstäblich spürt.

Das bedeutet: Je größer die empfundene Last, desto mehr gedankliche Energie verbrauche ich oder wende ich auf. Eine gedankliche Blockade verbraucht viel Energie, die für etwas anderes viel nützlicher eingesetzt werden könnte.

Bei einer Gleichung müsste dieser Vorgang auch andersherum funktionieren: Kann Masse die gedankliche Energie beeinflussen? Ja, natürlich! Wir spüren das etwa am Meer oder auf einem Berg. An Plätzen, wo wir uns besonders entspannt und aufgehoben fühlen, an einer Lichtung im Wald, einer besonderen Stelle an einem Seeufer oder bei einem besonderen Baum, den wir uns als Freund ausgesucht haben.

Überall dort werden unsere Gedanken freier, laden wir unsere Energietanks auf.

Der Schweizer Kraftortforscher Pier Hänni spricht in diesem Zusammenhang vom *Genius Loci* und begründet das Phänomen mit Resonanz: »Die feinen Schwingungen des natürlichen Kraftfeldes«, schreibt er in seinem Buch *Wege zu Orten der Kraft*, »nimmt unser Organismus wahr und stimmen ihn wieder auf seine Frequenzen ein. Dadurch wird grundsätzlich ein Energiefluss gefördert, aber auch Geist und Gemüt werden von den besonderen energetischen Eigenschaften des Ortes bewegt und angeregt.«

Genius Loci

Genius Loci ist ein Begriff, der ursprünglich in der römischen Mythologie den Schutzgeist oder die Schutzgottheit eines Ortes bezeichnete und in Form einer Schlange dargestellt wurde. Der Wissenschaftler Pier Hänni erklärt das mit den Häutungen, die Menschen an solchen Plätzen erfuhren. Denn nicht nur in der Antike, sondern in allen folgenden Jahrhunderten nutzten unsere Vorfahren Kraftplätze, um dort zu siedeln und kultische Handlungen vorzunehmen. Bei alten Kultsteinen, Quellen oder Hügelheiligtümern wurden Kapellen und Kirchen erbaut und unter besonders ehrwürdigen Bäumen Gottesdienste abgehalten. Das erklärt vielleicht auch, warum manche Menschen zum Beispiel an energetisch stark aufgeladenen Plätzen wie im französischen Lourdes Heilung erfahren.

Es ist auch kein Wunder, dass sich alle drei monotheistischen Weltreligionen, Judentum, Christentum und Islam, an einem der hoch energetischen Orte dieser Welt, in Jerusalem, angesiedelt haben und jede der Religionen Anspruch auf diesen Ort erhebt.
Für mich ist klar, dass die Last beziehungsweise die Masse des Tempelberges einer starken gedanklichen Energie entsprechen muss, die mit einer gedanklichen Blockade verglichen werden kann.
Wie viel Energie für die Menschheit könnte freigesetzt werden, wenn dieser gordische Knoten durchtrennt würde und sich jeder nur an dieser Energie erfreuen könnte, ohne Besitzansprüche anzumelden und eifersüchtig auf den anderen zu sein?

In meiner Beschreibung der geistigen Ebene habe ich versucht, meine Vorstellung der Ursachen für chronische Erkrankungen zu erläutern. Ich bin kein Physiker und kein Mathematiker, vielleicht klingen meine Annahmen für manche abstrus. Aber bei meiner Suche nach Erklärungen für Phänomene, für die die Wissenschaft noch keine entsprechenden Theorien und Beweise hat, ist es gut, sie sich in Bildern vorzustellen. Bilder können wir immer wieder abrufen, und wir bekommen ein Gefühl dafür, was sie bedeuten. Die Bilder geben der jeweiligen Person dann eine passende Erklärung für das erlebte Phänomen.

Alles spielt zusammen: Wir sind keine Einbahnstraße

Alle vier Ebenen stehen miteinander in Verbindung. Sind wir krank, werden wir meist jedoch nur auf einer oder zwei Ebenen behandelt. Interdisziplinäre Behandlungsmethoden und Behandler sind selten.

Ein Großteil meiner Patienten kennt Ärzte auf verschiedenen Einbahnstraßen: Bei Knie- oder Hüftschmerzen überweist der Hausarzt zum Radiologen und Orthopäden, die sich nur um die strukturelle Ebene kümmern. Stellen diese nichts fest, wird der Patient zum Internisten überwiesen. Der beachtet hauptsächlich die regulative Ebene und verschreibt Medikamente. Wenn alles nichts hilft, überweist der den Patienten zum Psychiater. Das entspricht wieder der regulativen Ebene, denn dieser verschreibt erneut nur Medikamente, während ein Psychotherapeut eventuell auf die psycho-emotionale Ebene blickt.

Die geistige Ebene wird entweder gar nicht als mögliche Ursache in Betracht gezogen oder wird vom Psychotherapeuten unbewusst mitbehandelt.

Suchen mich Patienten das erste Mal auf, frage ich sie: »Warum kommen Sie denn zu mir als Ganzheitsmediziner?« Dann erhalte ich manchmal die Antwort: »Sie arbeiten naturheilkundlich. Da werden Sie schon irgendein pflanzliches oder homöopathisches Mittel haben, das meine Beschwerden behebt, sodass ich weiterleben kann wie bisher.«

Das ist nicht mein Ansatz! Ich will wirklich, wirklich zum Kern des Problems, zur Störung vordringen. Befindet sich das Hauptstörfeld beispielsweise auf der emotionalen Ebene, muss diese Ebene hauptsächlich behandelt werden. Gleichzeitig behandle ich die anderen Ebenen auch mit. Ich verordne Entgiftungs- oder Entsäuerungskuren, versuche das Mikrobiom zu normalisieren und den Organismus grundsätzlich zu stärken.

Alle Ebenen stehen miteinander in Verbindung. Doch wenn man das Hauptstörfeld nicht findet und behandelt, kann es zu keiner nachhaltigen Heilung kommen.

Dazu möchte ich Ihnen folgendes Bild anbieten: Stellen Sie sich ein Fass mit Wasser vor. An seinem oberen Rand liegen Schläuche, über die Wasser in dieses Fass fließt. Unten gibt es aber nur einen Abflussschlauch.

Sind wir in einer guten Balance, halten sich Zufluss und Abfluss die Waage. Wir kennen das von Flüssen, die sich zu bestimmten Zeiten auf Normalnull in ihrem Flussbett bewegen. Wird durch Regen – oder in unserem Fall durch weitere Schläuche – mehr Wasser eingeleitet oder ist der Abfluss verstopft – was passiert dann? Jeder kann sich das vorstellen: Der Fluss tritt über die Ufer – oder das Fass läuft über!

Das Fass entspricht dem Organismus des Menschen. Dieser ist ein offenes System. Viele Schläuche führen hinein. Die Zahl der zuführenden Schläuche und der Durchsatz in jedem Schlauch können sich verändern. Etwa wenn eine plötzliche Infektion auftritt, man am Vorabend zu viel Alkohol getrunken hat, die Wechseljahre den Hormonhaushalt verändern ...

Treten solche Beschwerden auf, läuft das Fass über. Manchmal ist der Zufluss nur kurzzeitig zu groß, wie bei einem kurzen, starken Regenguss, dann reguliert sich der Wasserspiegel bald wieder von selbst.

Kommt es aber zu ständigem Dauerregen, schwappt ständig Wasser über den Rand. Und für mich als Ganzheitsmediziner ist es dann die Aufgabe herauszufinden, welcher Schlauch führt zu viel Wasser oder ist der Abfluss verstopft. Für mich bedeutet dies herauszufinden, auf welcher Ebene das Hauptstörfeld liegt.

Selbst wenn man den Zulauf des Wassers verringert, indem man die Ernährung verändert oder das Mikrobiom pflegt, kann das den Wasserspiegel absenken, man fühlt sich zeitweise wieder ganz wohl. Aber eben nur zeitweise.

Denn ist zum Beispiel der Abfluss durch eine negative gedankliche Blockade oder einen nicht bearbeiteten Konflikt verstopft, wird das Wasser trotzdem und immer, immer wieder überlaufen.

Auch wenn sich das seltsam anhört: Manchmal reicht oft ein einziger Satz, um eine emotionale oder geistige Blockade – die Verstopfung des Abflusses – zu lösen. Sagt einer, den der Patient verteufelt hat, offen und ehrlich zu ihm: »Ich will dir doch nichts Böses!«, kann das den gordischen Knoten durchschlagen, als hätte der Klempner den Abfluss gereinigt. So kann sich wieder eine Balance zwischen Zu- und Abfluss einstellen.

Frühwarnsystem: Syndrom

Läuft immer wieder Wasser über, stellt sich eine Situation ein, in der sich viele Menschen befinden: Sie fühlen sich irgendwie unwohl, doch niemand kann etwas Konkretes finden. Alle Blutuntersuchungen und technischen Check-ups sind offiziell im Normbereich.

In dieser Phase versucht der Organismus, durch verschiedenste Anstrengungen immer wieder ein Gleichgewicht herzustellen. Das verlangt ihm viel Energie auf allen Ebenen ab – auf der regulativen, psychischen und geistigen. Die Folge wird gerne mit dem Wort »Syndrom« charakterisiert.

Sprechen Ärzte von einem Syndrom, beschreiben sie einen Zustand, zu dem es keine richtige Diagnose gibt. Solche Zustände nehmen in unserer Gesellschaft gerade inflationär zu und heißen: Müdigkeitssyndrom, Erschöpfungssyndrom, multiples Chemikal-Syndrom, vegetatives Syndrom, Aufmerksamkeitsdefizit-Syndrom, um nur einige zu nennen.

Mit ihnen signalisiert uns unser Organismus: Achtung, hier läuft etwas aus dem Ruder! Diese Botschaften sollten wir ernst nehmen, es ist ein Frühwarnsystem.

Denn was passiert, wenn eine lang andauernde Überschwemmung stattfindet? Haben wir Glück und diese dauert nicht allzu lange an, kann sich die Natur/der Körper erholen und zu alter Blüte und Kraft zurückfinden.

Besteht die »Überschwemmung« jedoch über einen längeren Zeitraum fort, kann das nicht reversible Schäden fördern bis hin zum sogenannten *Point of no return*. Dabei kommt es zu strukturellen Veränderungen, werden gar Regelsysteme zerstört.

Aus diesem Grund ist es notwendig, immer wiederkehrende Befindlichkeitsstörungen ernst zu nehmen und nach den Ursachen zu forschen. So bauen Sie chronischen Erkrankungen vor: Vorbeugen ist immer besser als heilen! Meine Devise! Auf jeden Fall sollten Sie vermeiden, den *Point of no return* zu überschreiten, da dann wirklich oft nur eine Symptombehandlung ein Leben über eine gewisse Zeit ermöglicht.

Wenn Sie diese Zeilen lesen, überprüfen Sie sich selbst. Fragen Sie sich: Welche Diagnose wird bei mir gestellt? Ist es ein Syndrom, sind es immer wiederkehrende Entzündungen, immer wiederkehrende Schmerzen?

Erkennen Sie eine Chronifizierung, ist es an der Zeit, das Heft in die eigene Hand zu nehmen und nach den Ursachen zu forschen. Geben Sie sich nicht mit Symptombehandlungen zufrieden. Handeln Sie nach dem Leitsatz: *Cogita et fac idem, sanus eris.*

Ist Ihnen etwas bewusst geworden, dann sollten Sie auch danach handeln. Denn nur dadurch gelangen Sie zu Ihrer Mitte und können wirklich gesund werden.

KAPITEL 3

Mein Anliegen – die innere Mitte stärken, Bewusstsein und Handeln aufeinander ausrichten

»Bitte verschreiben Sie mir Strophanthin gegen meinen hohen Blutdruck«, mit solch konkreten Wünschen kommen Patienten zu mir: Ich arbeite seit 30 Jahren mit diesem Medikament, mit gutem Erfolg, und bin deswegen im Internet als ein *Strophanthin* verschreibender Arzt gelistet. Doch wie jedes Medikament kann auch *Strophanthin* nur regulativ in den Stoffwechsel eingreifen, um die Balance zu unterstützen.

Strophanthin wird aus dem Samen afrikanischer Schlingpflanzen gewonnen und dort als Pfeilgift verwendet, um Vögel oder kleine Beutetiere zu erlegen. In der Therapie hilft es auf natürliche Weise, zum Beispiel die Herztätigkeit zu normalisieren, die Herzleistung zu verbessern und den Bluthochdruck zu regulieren. Es ist ein Medikament, das man zur Unterstützung des Herzens gibt, wenn es durch andere Ursachen geschädigt oder belastet ist. Die Gabe von *Strophanthin* ist keine ursächliche Behandlung!

Einzige Ausnahme: das Altersherz. Mit zunehmendem Alter nimmt die Leistungsfähigkeit des Organismus ab: bei dem einen mehr, bei dem anderen weniger. Die Lebenserwartung hat im Vergleich zum vergangenen Jahrhundert um 30 Jahre zugenommen und ließ eine neue Haltung dem Alter gegenüber entstehen. Die neu gewonnenen Jahre wollen viele im Unruhestand verbringen. Sie wollen nach dem Austritt aus dem Job reisen, noch mal studieren, ein neues Hobby anfangen oder weiterarbeiten, so wie es ihnen gefällt. Fit und leistungsfähig.

Doch: Das Alter kann man nicht zurückdrehen. Wie wir uns in dieser Lebensphase fühlen, hängt stark vom vorhergehenden Lebenswandel ab. Bei meinen älteren Patienten gebe ich dann häufig zur Unterstützung des Herzmuskels *Strophanthin*.

Wer *Strophanthin* nur als Alternative zu chemischen Mitteln verlangt und nicht willens ist, seine Lebensweise zu reflektieren oder nachzuforschen, ob es noch andere Ursachen für seinen Bluthochdruck oder seine Herzrhythmusstörungen gibt, ist bei mir falsch. Denn jede Methode ist nur dann gut, wenn sie im richtigen Kontext angewandt wird.

Herzprobleme resultieren oftmals aus unserer westlichen Ernährungsweise, aus Dauerstress und Bewegungsmangel. Herzpatienten haben meist ein extrem verschobenes Natrium-Kalium-Verhältnis und einen Überschuss an Säurebildnern vor allem im Gewebe. Ein Zuviel an Säure verursacht zellulären Stress, die Blutgefäße verlieren an Elastizität.

Im Dunkelfeldmikroskop zeigt sich das an der sogenannten Geldrollen-Bildung. Das bedeutet, die Blutzellen kleben zusammen. Sie schwimmen nicht mehr frei herum und können durch die elastischen, kleinsten Blutgefäße, die Kapillaren, nicht mehr richtig hindurchschlüpfen, um die Zellen mit Sauerstoff zu versorgen. Nur mit erhöhtem Druck ist dieses Manöver möglich. Das führt dazu, dass der Blutdruck steigt und die Diagnose »Idiopathische Hypertonie« lautet. Was so viel heißt wie: Ursache unbekannt.

Dies sind nur einige Folgen von Verhaltensweisen, die wir verändern und beheben könnten. Ja, es ist nicht einfach damit getan, ein Medikament gegen ein anderes auszutauschen. Wir müssen auch ursächlich etwas verändern. Die Ernährung spielt hier eine große Rolle: Alle Lebensmittel, die den Körper sauer machen wie tierisches Eiweiß, raffinierte Kohlenhydrate wie etwa Pizza, Brot, Nudeln, die meisten Fertignahrungsmittel und Zucker (auch alle mit raffiniertem Zucker gesüßten Getränke und Alkohol) werden in westlichen Ländern tagtäglich verzehrt.

Beim Verdauen werden sie zu Sulfat, Phosphat und Chlorid abgebaut und aus ihnen starke anorganische Säuren gebildet. Gleichzeitig hat die Zufuhr an basenbildenden Nahrungsmitteln zum Beispiel Citrat aus vollwertiger pflanzlicher Kost, das der Körper zu Bikarbonat umwandelt, stark abgenommen. Das verändert das Kalium-Natrium-Gleichgewicht gewaltig. Verglichen mit Urvölkern hat sich das Kalium-Natrium-Verhältnis in unserer Ernährung um den Faktor 100 bis 200 verschoben.

Die im Amazonasgebiet beheimateten Yanomami-Indianer ernähren sich sehr kaliumreich und salzarm. Sie kennen weder Hypertonie noch Nierenversagen, während die meisten Menschen in westlichen Leistungsgesellschaften mit erhöhtem Blutdruck zu kämpfen haben, mit Insulinresistenz, mit Osteoporose und einer Halbierung der Nierenleistung im Alter. Wegen der Überladung mit Natriumchlorid und dem Verlust an Kalium, Magnesium und Kalzium. Aber das nur am Rande zu *Strophanthin* und was wir selbst tun können, um unseren oftmals aus dem Takt geratenen Natrium-Kalium-Haushalt bei der Regulation zu unterstützen.

Mehr Eigenverantwortung, bitte!

Nach bekannter Manier glaubt eine Vielzahl meiner Patienten, dass ich ihnen nur ein Medikament verschreibe und damit basta. Klar, nicht eines wie die Schulmedizin auf chemischer, sondern auf natürlicher Basis. So sehe ich aber, wie gesagt, meine Aufgabe nicht. Nein. Sie geht Hand in Hand mit der Verantwortung des Patienten!

Um wirkliche Gesundheit zu erlangen, muss der Patient gerade bei chronischen Erkrankungen meist etwas in seinem Leben verändern.

Das fängt an bei Denkgewohnheiten, geht über Ernährungsgewohnheiten bis hin zu Bewegungs- oder Haltungsmustern.

Jeder Patient kommt mit anderen Vorstellungen und anderen Beweggründen zu mir. Natürlich lassen sich Verhaltensänderungen nicht gleich nach dem ersten Besuch herbeiführen. Man kennt die Ursachen des Problems ja noch nicht, weiß noch nicht, wie tief wurzelnd es ist. Und ob es überhaupt eine Möglichkeit gibt, das Überlaufen des Wasserfasses zu beenden, ob der *Point of no return* noch nicht überschritten ist, sich der Organismus wieder in Balance bringen kann und seine Regulation noch intakt ist. Das festzustellen ist bei der Einnahme von vielen Medikamenten oftmals gar nicht so einfach, da die Regelmedizin hauptsächlich die Regulation unterdrückende Substanzen verordnet – wie Cortison.

Dieses Dickicht zu durchdringen benötigt Zeit. Deswegen veranschlage ich bei einem neuen Patienten zuerst einmal eine Stunde für den Erstkontakt. Dieses Vorgehen ist in einer normalen Kassenpraxis gar nicht möglich. Das ganze System ist ja nur auf schnelle Symptombehandlung ausgerichtet, und der Arzt wird auch nur dafür bezahlt.

Bei der Befragung, der Untersuchung und den ersten Tests lernt der Patient mich und ich ihn kennen, und es ergeben sich erste Anhaltspunkte für die Behandlung.

Gemeinsam tasten wir uns vor: Was muss ich als Arzt jetzt sofort tun, was kann der Patient zu Hause in Angriff nehmen?

Man könnte dieses Vorgehen auch als Erfahrungsmedizin bezeichnen, da der Patient erfährt, was sich während der Behandlung bei ihm verändert.

Wie schon angedeutet reicht es in einigen Fällen aus, dem diagnostizierten Störfeld mit der Spritze und einem Lokalanästhetikum zu begegnen. Es also auf der regulativen Ebene zu behandeln. Grundsätzlich gilt immer, ein Vertrauensverhältnis zwischen Patient und Arzt aufzubauen: Change-Prozesse, Sie wissen das. Man geht so etwas meistens nur an, wenn ein entsprechender Leidensdruck vorhanden ist beziehungsweise wenn man dem Arzt vertraut und überzeugt ist, dass er einem das Richtige empfiehlt.

Es hat sich in meinem Praxisalltag bewährt, Zeitlimits und Verträge auszuhandeln und anschließend zu klären: Was hat sich beispielsweise in den letzten vier Wochen verändert? Nur wenn der Patient wirklich Fortschritte sehen kann, dass die Schmerzattacken weniger geworden sind, der Stuhlgang geformter ist, er wieder durchschlafen kann und Ähnliches, erst dann festigt sich sein Zutrauen sich selbst und auch seinem Arzt gegenüber.

Wie viel Veränderung ist möglich?

Wie sehr jemand sein Leben ändert und auch ändern kann, hängt von den Verpflichtungen ab, denen er sich gegenübersieht: Ein Unternehmenslenker kann sicherlich seinen Kaffeekonsum reduzieren, wenn er versteht, was sein Sodbrennen ausgelöst hat, vielleicht auch auf Kräuter- oder Ingwertee umstellen. Doch den Alkohol ganz weglassen oder spätabendliche

Essen mit Kunden? Solch ein Quantensprung wird ihm vermutlich anfangs nicht möglich sein. Es muss für ihn – da bin ich gar nicht kategorisch oder dogmatisch – passen. Schließlich sind wir alle Zwängen unterworfen.

Tatsächlich ist in meinen Augen schon viel gewonnen, wenn meinem Gegenüber die Gesamtzusammenhänge klar werden und er erkennt, woher sein Problem rührt. Verändert er dann Schritt für Schritt auch sein Verhalten, bewegt er sich auf seine innere Mitte zu. Für mich ist es bereits ein Fortschritt, wenn ich meinen Patienten dafür sensibilisieren kann.

Ein Bewusstseinswandel geht im Kleinen los. Es ist ein Prozess.

Wichtig ist, sich grundsätzlich auf die Komplexität von Gesundheit einzulassen. Wer das für sich erkannt hat, der wird in Zukunft anders handeln und sich auch anders reflektieren. Weil ihm klar geworden ist, dass beispielsweise auch sein Gedankenkino starken Einfluss auf seine Psyche hat und darauf, wie ausgeglichen er sich fühlt. Ein guter Grund, sich an der Stelle mal selbst zu befragen: Was ist da bei mir los?

Gedankenkino – ein Selbsttest

Schreiben Sie einen Tag lang auf, was Sie so alles denken, und versuchen Sie, Kategorien dafür zu finden: Glaubenssätze, Ärger mit Familienmitgliedern, im Job, unerledigte To-dos, Sorgen, Vergnügen, Wünsche. Dann fragen Sie sich: Was ist positiv, was negativ, und was hat mich real an diesem Tag betroffen?

Und: Sind die Gedanken in ihrer Summe positiv gegen negativ im Gleichgewicht? Wenn nicht und die negativen Gedanken überwiegen, ist das ein klares Indiz für mentalen Stress.

Wie reduziere ich den mentalen Stress: die schwerwiegendsten Mental-Killer ausschalten, indem Sie sich immer wieder bewusst machen, was Sie so alles denken, um sich selbst auf die Spur zu kommen und zu sehen, was Sie möglicherweise aus der Bahn wirft.

Oft hilft auch eine Entspannungstechnik, wie das progressive Entspannungstraining nach Jacobson. Das ist leicht von jedem zu erlernen und stählt selbst gestresste Manager in ihrem fordernden Arbeitsalltag (Beschreibung Seite 222). Auch das Gespräch mit einem Mental-Coach kann Sie wieder mehr fokussieren.

Der Arzt als Heilkünstler

Was unterscheidet mich von anderen Ärzten und Therapeuten? Ich sehe meinen Beruf als etwas ganz Besonderes. Hier kann ich durch meine Person wirklich etwas bewirken. Ich kann mich mit meinem Wissen, meiner Erfahrung und meiner Kreativität wie ein Detektiv in die natürlichen Regelsysteme des Menschen einfühlen und versuchen, die Ursachen der Störung zu finden. Zugleich kann ich mit diesem Bewusstsein bei meinen Patienten vielleicht auch eine Bewusstseinsveränderung bewirken und ihnen wirklich zu einer dauerhaften Balance verhelfen.

Manchmal komme ich mir wie ein guter Koch oder ein Architekt vor. Beide Berufe werden oft unterschiedlich interpretiert. Auf der einen Seite arbeiten die einen nach vorgegebenen Rezepten und bereits vorhandenen Bauplänen und verdienen so ihren Unterhalt. Während die anderen sich ihrem Schaffensfeld kreativ nähern. Sie erfinden neue Gerichte, ungewöhnliche Würz- und Kräutermischungen. Die, die grüne Wiese vor Augen haben, sind in der Lage, visionär ganze Gebäudekomplexe mit allen möglichen Finessen und Stilelementen zu ersinnen, wunderbar in die sie umgebende Landschaft eingepasst oder diese monumental überhöhend.

Das ist für mich Kunst und kreativer Erfindungsgeist. Auch in meinem Beruf gibt es die einen und die anderen. Wir haben die Chance, aus den vielen uns angebotenen Behandlungsmöglichkeiten zu wählen und sie miteinander zu kombinieren. Mit Sensibilität, Neugier und Kreativität können wir die Gedanken und das Verhalten unserer Patienten verändern helfen und sie heilen. Da die Menschen sehr verschieden sind, erscheinen mir alle Beschwerden, die in eine nachhaltige Balance zurückgeführt werden können, wie ein individuelles Kunstwerk.

Ich begann Medizin zu studieren mit der festen Absicht, Menschen zu helfen. Ich lernte viele Kollegen kennen, die Sterneköchen gleich aus den sich ihnen bietenden Ressourcen tolle Behandlungsmethoden entwickelten. Sie alle sind meiner Meinung nach echte Heilkünstler.

Mit ihnen als Vorbild änderte sich mein Berufsziel, und so stehe auch ich Ihnen heute als Heilkünstler gegenüber mit dem Wunsch, Ihnen Impulse zu geben, sich selbst zu heilen. Deswegen werden Ihnen in Kapitel 5, in dem es um die wichtigsten chronischen Erkrankungen geht und was wir dagegen tun können, an ganz konkreten Fällen Anregungen auf den vier Ebenen gegeben, neben einfachen Tipps und Übungen, die jeder selbst umsetzen kann. Natürlich geht es zuerst einmal darum, das Hauptstörfeld zu behandeln, gleichzeitig aber auch die Blockaden, die möglicherweise noch auf anderen Ebenen liegen.

Je mehr Sie diese Blockaden ergründen und bereinigen, desto stärker kommen Sie in Ihre innere Mitte, in Ihre Balance. Ihnen das zu eröffnen und zu ermöglichen ist mein Antrieb.

Doch wie wird man vom Arzt zum »Heilkünstler«? Das ist keine grundsätzliche Fähigkeit, nein. Man kann sich darum bemühen und seine Intuition fördern. Um Heilkünstler zu werden, sind in meinen Augen die folgenden fünf Punkte wichtig:

1. *Fleiß*, um sich permanent weiterzubilden und viel zu lesen.
2. *Neugier* an neuen Methoden und an jedem einzelnen Patienten.
3. *Respekt vor der Natur*. Für mich ist es zentral, das Wunder der Natur anzuerkennen und keineswegs zu glauben, dass wir uns die Natur untertan machen sollten.
4. *Kreativität*. Das heißt, nicht nur nach den Regeln eines Fachgebietes vorzugehen, sondern viele Aspekte anderer Behandlungsmethoden wie der Traditionellen Chinesischen Medizin, der Physik, der Philosophie, der angewandten Psychologie in die eigene Arbeit miteinzubeziehen und mit den Erkenntnissen der westlichen Medizin zu vernetzen.
   So lässt sich beispielsweise eine Verbindung zwischen Seitenkopfschmerzen, der Galle oder dem Eckzahn herstellen.

Und eben nicht nur wie ein Neurologe nur ein Kopfschmerzmittel verschreiben. Für so eine Haltung braucht es sehr, sehr viel Wissen und …

5. … und den *Mut,* sich nicht nur an der Richtlinienmedizin auszurichten, sondern die Richtlinie auch mal beiseitezuschieben. Denn die Richtlinie ist nichts anderes als eine Wegbegrenzung und kein Dogma.

Ein Beispiel: Ein 75-jähriger Patient hatte aufgrund einer Hepatitis bereits zwei Lebertransplantationen hinter sich. Jahrelang nahm er Immunsuppressiva ein. Vorbeugend, da die erste Leber innerhalb eines Jahres wieder abgestoßen worden war. Eine ganz normale Reaktion unseres Körpers, sich gegen das Organ eines anderen als vermeintlichen Fremdkörper zu wehren. Aus diesem Grund gibt die Richtlinienmedizin Immunsuppressiva. Sie sorgen dafür, dass das Immunsystem heruntergefahren wird, um genau diese Reaktion zu verhindern. Schließlich springt unser Immunsystem dann an, wenn es gilt, die Invasion nicht körpereigener Stoffe (in diesem Fall die Spenderleber) zu unterbinden.

Mit einer gedrosselten Immunabwehr ist unser Körper aber auch sehr anfällig für Bakterien- und Virusinfektionen. Und so kam es, dass mein Patient an einer Lungenentzündung erkrankte.

Acht Wochen lang erhielt er ein Antibiotikum nach dem anderen. Nichts schlug an. Er wurde schließlich von dem Uniklinikum, das ihn behandelte, in ein Lungenzentrum verlegt. Auch dort wurde er immer schwächer. Er rief mich an, da er mich schon von früher durch die Behandlung seiner Frau kannte, und sagte: »Das mache ich nicht mehr mit, vielleicht wissen Sie etwas anderes.« Er entließ sich selbst und kam in meine Praxis.

Durch einen kinesiologischen Test fand ich heraus, dass sein Organismus unter anderem fünf Gramm Vitamin C brauchte. Für obsolet, verboten und blanken Unsinn hätte ein Schulmediziner diese Idee gehalten, weil Vitamin C in hohen Dosen das Immunsystem stark aktiviert und damit die Gefahr einer Leberabstoßung wieder akut werden könnte.

Weil seit der zweiten Lebertransplantation aber bereits zehn Jahre vergangen waren und ich fand, dass sie sich in diesem Zeitraum gut eingenistet hatte, traute ich mir die Behandlung zu. Ich machte meinen Patienten darauf aufmerksam, dass es verboten sei, unter Immunsuppressiva das Immunsystem anzuregen, und die Gefahr einer Leberabstoßung bestünde.

»Aber was nützt es mir, wenn ich in zwei Wochen an einer Lungenentzündung sterbe?«, sagte der Kranke. Also wagten wir den Versuch, und nach drei Wochen war mein Patient wieder fit.

Zu seinem 80. Geburtstag lud er mich und auch den Professor des Klinikums ein, der ihn nach den Lebertransplantationen behandelte. Er stellte mich dem Professor vor, der in der Zwischenzeit emeritiert war, und dieser meinte sehr ehrlich: »Das hätten wir uns nie getraut. Aber wer heilt, hat recht.«

Hätte es nicht funktioniert, tja, was wäre dann gewesen?

Natürlich hatte ich anfangs öfter Angst, vom Establishment niedergemacht zu werden oder, schlimmer noch, meine Approbation zu verlieren. Im Lauf der letzten 30 Jahre habe ich so einiges erlebt: Die Ärztin in Bad Griesbach, die ich in ihrer Praxis vertreten hatte und bei deren Patientin ich mit Neuraltherapie ein Sekundenphänomen bei der Halbseitenlähmung auslösen konnte, zeigte mich bei der Ärztekammer an. Mit der Begründung: »Patientenabwerbung«. Weil die Patientin zur weiteren Behandlung einmal nach München kam.

Das Verfahren zog sich in die Länge, und ich hatte das Glück, einen erfahrenen Rechtsanwalt zu finden. Unter Androhung eines hohen Bußgeldes, sollte ich die Patientin jemals wiedersehen, wurde der Fall gegenüber der Ärztekammer nach zehn Monaten beigelegt. Das hat mich als jungen Arzt fast den Glauben an die Medizin verlieren lassen: Anstatt sich für ihre Patientin zu freuen und eventuell selbst die Methode der Neuraltherapie zu erlernen, ging es ihr darum, dass sie vielleicht 200 Mark für die Behandlung verloren hatte. Oder war es der Verlust der Anerkennung?

Meines Erachtens sollte der kranke Mensch im Mittelpunkt stehen, ihm sollten wir immer versuchen zu helfen! Manchmal gerate auch ich in Situationen, in denen ich nicht weiterweiß, und mir der Patient später erzählt, dieser oder jener Therapeut hätte ihm mit XY geholfen. Das nehme ich dann gern auf und integriere es für ähnliche Fälle in meinen Fächer der Behandlungsmöglichkeiten.

Auch heute bekomme ich immer wieder mal Schreiben von Anwälten oder Angehörigen meiner Patienten, die mit bestimmten Behandlungen nicht einverstanden sind. Das war auch im Fall einer jungen Frau so.

Bei einer Routineuntersuchung entdeckte der Hausarzt der 38-Jährigen ein Lymphom, gleichzeitig stellte sich heraus, dass sie schwanger war. Es war ihr sehnlichster Wunsch, ein Kind zu bekommen. Doch um den Krebs zu bekämpfen, riet ihr Arzt zu einer Chemotherapie und dazu, das Kind abtreiben zu lassen: Ein Fötus wird bei einer Chemotherapie automatisch abgestoßen, weil die Zytostatika das Zellwachstum unterdrücken, um dadurch den Krebs als schnell wachsendes Gewebe auszuschalten.

Ihr Bauchgefühl riet der angehenden Mutter allerdings, sich für das Kind zu entscheiden. Als sie ihrem Arzt davon erzählte, warnte dieser: »Wenn Sie die Chemo nicht machen, sterben Sie in kürzester Zeit. Ich kann dann für nichts garantieren. Sie spielen mit Ihrem Leben.« Auch ihre Familie zeigte für ihren Wunsch wenig Verständnis. Im Gegenteil. Aus diesem Grund schickte sie erst mal eine Freundin zu mir.

Dann kam sie selbst. Ich sprach ihr Mut zu und modulierte ihr Immunsystem mit Infusionen und einer mikrobiologischen Therapie, bis das Kind geboren war. Nachdem sie es fünf Monate gestillt hatte, begann sie mit der Chemotherapie. Das ist jetzt über 30 Jahre her. Aber solche Entscheidungen brauchen Mut, vor allem wenn sich der Rest der Familie gegen einen verschworen hat.

Um gegen rechtsanwaltliche Salven juristisch einigermaßen abgesichert zu sein, bitte ich Patienten grundsätzlich, mir ein Papier zu unterschreiben, dass sie diese Behandlung ausdrücklich wünschen. Trotzdem ist es eine psychische Belastung für alle: in diesem Fall für die Eltern, die Angst hatten, dass ihre Tochter bald stirbt. Für die Patientin, die das Für und Wider abwägen muss, ein Kind zu bekommen oder sich für eine Therapie zu entscheiden, die vielleicht ihr eigenes Leben rettet, aber das ihres Kindes zerstört. Und dann ist man als junger Arzt in der Zwickmühle, sich an die Richtlinie zu halten und andererseits der Frau helfen zu wollen, ihren Lebenswunsch zu erfüllen.

Gott sei Dank schafften wir es zusammen, trotz vieler Rechtsanwaltsschreiben und vieler enervierender Telefonate vonseiten der Angehörigen, stark zu bleiben. Vermutlich, weil wir überzeugt davon waren, es zu schaffen! Und wir sollten recht behalten: Die Frau lebt heute noch, das weiß ich. Allerdings nicht mehr in München, deswegen habe ich keinen Kontakt mehr.

Grundsätzlich kann ich nach 32 Jahren Praxiserfahrung auf diesem doch eher unorthodoxen Weg sagen, dass es sehr richtig war, mich für die Heilkunst zu entscheiden, weil ich auf diesem Weg Menschen helfen kann, bei denen die Schulmedizin nicht mehr weiterkommt. Sei es in Krisenfällen – wie zum Beispiel akuten Rückenschmerzen – oder bei chronischen Erkrankungen, wo es darum geht, den Patienten in sein Gleichgewicht zurückzuführen, die Überschwemmung einzudämmen, um das Bild mit dem Fass noch mal aufzugreifen.

Das sind nach meinen Erkenntnissen 40 Prozent aller Patienten. Ihnen kann die klassische Richtlinienmedizin nicht wirklich helfen. Sie brauchen Querdenker und einen anderen Lösungsweg.

Von der Nasenspitze kann ich heute oft vielen Patienten bereits ablesen, was ihr Problem ist. Arbeitet man mit Diagnoseverfahren, die viel mit Sehen, Spüren, Beobachten zu tun haben, schult das zwangsläufig die Intuition. Und was ist Intuition anderes als Wissen mal Erfahrung?

Nach dem Studium verfügt man als junger Arzt über viel auswendig gelerntes Wissen und hat null Erfahrung. Und wie wir in der Schule gelernt haben, ergibt jede Zahl, mit null multipliziert, null. Erst durch das aufmerksame Beobachten der Patienten wächst die Erfahrung und mit ihr die Intuition.

Vielleicht kenne ich nicht die allerneuesten Studien, die Ärzte an einer Uniklinik tagtäglich lesen, dafür aber habe ich einen großen Erfahrungsschatz und eine starke Intuition: Ich achte zum Beispiel sehr auf die Körperhaltung oder darauf, wie sich die Hand des Patienten anfühlt, wenn er mich begrüßt. Oftmals merke ich schon beim ersten Händedruck, ob jemand zu wenig trinkt. Dann ist seine Hand sehr trocken und knotig. Das kann bereits ein Indiz für Rückenschmerzen sein – oder dass er eher ängstlich und schüchtern ist. All diese Signale des Körpers geben mir Hinweise darauf, wo es hakt und wo möglicherweise ein Anknüpfungspunkt für das Gesundwerden meines Gegenübers ist.

Sich selbst vertrauen

Ich hatte von Ängstlichkeit gesprochen: Angst trägt in meinen Augen stark dazu bei, dass Menschen sich unwohl oder krank fühlen. Auch Unsicherheit. Diese Emotionen blockieren uns, genauso wie Wut. Auch Wut kann Vertrauen verhindern. Wut kommt aus der Leber und zeigt mir, dass der Mensch, der mir gegenübersitzt, in jungen Jahren nicht richtig wertgeschätzt wurde oder sich unterdrückt fühlte. Unterdrückt sich jemand daraufhin selbst, wird er melancholisch und zieht sich in sich zurück.

Kreativität ist das Gegenteil von Melancholie und fußt auf Vertrauen zu sich selbst. Darin sollte alles münden.

Vertrauen in das Leben und in sich selbst zu haben ist ein enorm starker Anker. Nichts verankert uns mehr als dieses Wissen.

Ich versuche, die Menschen, die zu mir kommen, dazu anzuleiten, ihre wahrhafte Persönlichkeit zu fühlen und zu erkennen. Nur so kommen sie ins Gleichgewicht und haben auch keine Angst mehr, Fehler zu machen, sondern wissen, sich selbst zu vertrauen. Wenn Sie nach dem Motto meines immer wieder wiederholten Leitsatzes leben: *Cogita et fac idem, sanus eris* – erkenne dich selbst und handle entsprechend, dann fühlst du dich mit dir im Reinen und wirst gesund.

Wenn Sie das tun, können Sie Ihre schöpferische Kraft in sich selbst spüren und viel Energie daraus ziehen.

Natürlich ist das ein Prozess, der Schritt für Schritt stattfindet und manchmal Jahre dauert. Doch nichts ist umsonst, und am allerwichtigsten ist es zu erkennen, was Gesundheit ausmacht. Dass wir ein System auf vier Ebenen sind. Das bedeutet, dass Ihre Gedanken genauso wichtig sind wie Ihre Ernährung, ob Sie sich bewegen, ausreichend schlafen, sich entspannen, sich ansehen, mit welchen Menschen Sie sich umgeben und ob Sie Freude im Leben empfinden. Denn ich denke:

Wir sollten den Tagen Leben hinzufügen und nicht dem Leben Tage.

Freude im Leben finden!

Vor einigen Jahren kam ein 84-jähriger Mann in meine Praxis. Er war leidenschaftlicher Segler und hatte den Großteil seiner Sommerurlaube mit der Familie beim Segeln verbracht. Er liebte diesen Sport und zog viel Lebensfreude daraus. Aufgrund eines Herzleidens riet ihm sein Hausarzt und der Kardiologe eindringlich – nachdem vier Stents gesetzt waren und er die übliche Menge an Medikamente nahm –, damit Schluss zu machen. »Segeln ist für Sie nun passé«, so die Ärzte.

Das war ein Schock und torpedierte seine Lebensfreude empfindlich. Er fühlte sich oft depressiv, obwohl er körperlich und geistig topfit war.

Über die *Strophanthin*-Liste kam er zu mir. Wir besprachen seine Situation, und ich verordnete ihm unter anderem *Strophanthin*, wenngleich einige der anderen Medikamente notwendig blieben. Aber ich glaube, das Wichtigste für ihn war, dass ich ihm zuriet, im Sommer wieder einen Segeltörn mit der Familie zu machen.

Natürlich fragten mich Frau und Tochter, die anfangs nach den Aussagen der Spezialisten sehr ängstlich waren, ob das nicht zu gefährlich für ihn sei: Hausarzt und Kardiologe hätten es ihm doch verboten.

Ich versuchte, ihnen meine Theorie auseinanderzusetzen. Erklärte ihnen, dass das Leben in meinen Augen nur Sinn mache, wenn man Freude hat und eine Aufgabe für sich darin sieht. Dann tankt man die Energie, die zur Bewältigung anderer Probleme wichtig ist. Außerdem sagte ich ihnen: Was soll denn passieren? Selbst wenn er bei diesem Törn stirbt – dann verabschiedet er sich mit seinen 84 Jahren bei einer Tätigkeit, die er am meisten in seinem langen Leben geliebt hat – und das auch noch im Kreis seiner Familie.

Die Familie ließ sich darauf ein. Sie segelten durch die Ostsee, und der Patient begann sich wieder seines Lebens zu erfreuen. Er braucht seither weniger Medikamente und lebt noch heute mit enormer Energie. Alle drei Wochen kommt er zu einer Infusion zu mir in die Praxis, damit wir sein Wohlergehen weiter beobachten und ihn mit den notwendigen Stoffen unterstützen können.

Denn mein Credo ist – neben dem, dass Denken und Handeln eins sein sollten –, dass, wenn ich lebe, mein Leben glücklich und erfüllt sein sollte! Dazu leiste ich mit meiner Arbeit einen Beitrag. Das geht aber nur, wenn der Patient bei diesem Prozess mitmacht und nicht die Verantwortung für sein Leben mir oder einem anderen behandelnden Arzt in die Hände legt.

Klar, die Schulmedizin hat das über Jahrzehnte hinweg durch die Herrgott-in-Weiß-Haltung ihrer Vertreter kultiviert. Sie forderte damit unbedingten Respekt ein und arbeitete mit Schuldzuweisungen, statt die Selbstverantwortung des Patienten zu fördern. Nach dem Motto: Wenn Sie die Medikamente nicht schlucken, übernehmen Sie die Verantwortung für Ihr Wohlergehen. Was unterm Strich sagen sollte: Sie sind schuld, wenn Sie nicht gesund werden und es Ihnen schlechter geht.

Dass aber jedes Medikament Nebenwirkungen hat, das wird still und leise unter den Teppich gekehrt. Außerdem werden zusätzlich Medikamente verordnet, um die Nebenwirkungen abzufangen, etwa bei der Einnahme des Schmerzmittels Diclofenac die Gabe von den »Magenschutzmitteln«, den PPIs.

Wir können uns entscheiden: Wollen wir die Verantwortung weiterhin unseren Ärzten abgeben oder sie selbst übernehmen. Das ist eine andere Haltung zum Leben.

In Zeiten von Netdoc und Wikipedia, populärwissenschaftlichen Büchern und Magazinbeiträgen ist es ein Leichtes, sich selbst zu informieren. Wir sind keine Unwissenden mehr und der Arzt der einzige Fachmann. Nein, wir können hinter die Dinge blicken, hinterfragen. Natürlich hat der Arzt ein profundes Wissen durch sein langjähriges und hochkomplexes Medizinstudium und seine Erfahrung angehäuft. Er will uns ja auch helfen. Doch sollten Sie ein paar Hintergründe zu unserem Medizinbetrieb kennen.

Wir vergessen oftmals, dass die Natur unseren Organismus im Lauf der Evolution ziemlich komplett ausgestattet hat. Unser Lebenserhaltungstrieb ist so stark ausgeprägt, dass unser Körper alles dafür tut, uns am Leben zu erhalten: Wir haben Regelsysteme, die sofort auf unvorhergesehene Situationen reagieren und uns wieder ins Gleichgewicht bringen. Jeder Mensch kann das am eigenen Leib spüren: Fühlen wir uns krank, drängt es uns förmlich nach Ruhe, ins Bett. Haben wir Bauchschmerzen, ist unser Hungergefühl wie weggeblasen. Unser Körper kann sein Verhalten danach ausrichten.

Durch den technischen Fortschritt im letzten Jahrhundert glauben wir Ärzte und Wissenschaftler, so viel von den natürlichen Vorgängen in der Natur verstanden zu haben, dass wir unsere Macht nutzten, diese Vorgänge zu steuern. Ohne Frage, es wurde wahnsinnig viel erreicht: Die Mehrheit der Bevölkerung lebt heute 30 Jahre länger als früher, die Infektionserkrankungen wurden stark zurückgedrängt, Impfstoffe entwickelt und vieles mehr.

Doch in diesem Gefühl der Macht und Allwissenheit machen wir dem Patienten Angst, sodass er uns als willenloser Erfüllungsgehilfe dient.

Wir wissen, dass das Geschäft mit der Angst sehr einträglich ist. Denn: Wovon lebt die Nachrichtenbranche? Von der Angst vor Terroristen, vor Krisen, vor Krieg. Und bei der Versicherungsbranche ist es ähnlich. Sie lebt von der Angst vor Feuer, Unfall, Wasserschäden. So lebt die Pharmabranche und die ganze Krankheits- und Gesundheitsbranche von der Angst, früh zu sterben, nicht schön genug zu sein und so weiter.

Ich will Sie nicht davon abhalten, Nachrichten zu sehen, sich zu versichern oder ins Beautystudio zu gehen. Ich will sie nur sensibilisieren, sich nicht von Ängsten beherrschen zu lassen.

Die Ärzte sind sicher von den Behandlungen überzeugt, die sie Ihnen empfehlen. Manchmal kennen sie keine andere Behandlungsmöglichkeit, denn in unserem System werden die Kollegen eigentlich nur durch das Geld der Wirtschaft ausgebildet. Fast jede Forschung an der Universität kommt durch sogenannte Drittmittel zustande. Das ist die direkte Finanzierung zum Beispiel einer Studie durch ein Wirtschaftsunternehmen. Doch geben Unternehmen nur Geld in Untersuchungen mit dem Hintergedanken, dass diese für sie nützlich sind, also hoffentlich später auch Gewinne für sie abwerfen.

Behandlungen, die sich nicht für Unternehmen bezahlt machen, keine sogenannte Cashcow sind, sind nicht wirklich interessant. Deswegen werden die Ärzte in dieser Richtung gar nicht ausgebildet und kennen oft gar nichts anderes als die Profitschiene der Pharmaunternehmen.

Welche Chancen aber haben Patienten, denen diese Behandlung nicht hilft? Also die Menschen, die sich immer irgendwie krank fühlen und bei denen der Arzt eigentlich nichts »Richtiges« findet. Für sie ist es an der Zeit, etwas anderes zu unternehmen: eine wirkliche Alternative zu finden.

Übernehmen Sie Verantwortung für Ihre Gesundheit, informieren Sie sich und gehen Sie zu Therapeuten, die Sie als Ganzes sehen. Ich bin sicher, Sie können das Glück haben, zur richtigen Zeit dem richtigen Arzt oder Therapeuten zu begegnen. Aber sensibilisieren Sie sich, und vertrauen Sie Ihrem Bauchgefühl.

KAPITEL 4

Die Chance, Gesundheit verändern zu können

Die Epigenetik ist ein Spezialgebiet der Biologie. Sie untersucht Zelleigenschaften, die auf Tochterzellen vererbt werden und nicht im DNA-Strang festgelegt sind. Dadurch können Veränderungen an den Chromosomen auftreten, die Abschnitte oder ganze Chromosomen in ihrer Aktivität beeinflussen.

Am besten kann man sich das wieder als Bild vorstellen: Die Gene sind der Computer, die Hardware. Die Epigenetik ist die Erforschung der Software, die unseren Computer am Laufen hält.

Wie für einen realen Computer werden auch für die Gene ständig neue Software, Apps und Updates entwickelt. Sie sollen sie verbessern und unseren Umgang mit ihnen.

Jeder, der mit Elektronik zu tun hat, weiß, dass eine neue Software oder ein neues Betriebssystem erst auf den Computer aufgespielt werden muss, und ertappt sich oftmals bei dem Gedanken: »Warum muss ich das machen? Mein System funktioniert doch einwandfrei, schließlich heißt es auch im Fußball: Never change a winning team!«

IT-Spezialisten überzeugen einen dann, dass ein Update nötig ist, um Viren und Würmer abzuschmettern oder den Umgang mit dem PC einfacher zu machen, weil er dann viel schneller und leistungsfähiger würde. Das ist auch in unserem Organismus der Fall, und zwar folgendermaßen:

Veränderungen in der Lebensweise (Ernährung, Bewegung, Ortswechsel, Stress und anderes) können ein epigenetisches Muster antriggern, das an die nächste Generation weitergegeben werden kann. Enzyme markieren bestimmte Abschnitte der DNA und beeinflussen so deren Aktivität, manchmal sogar lebenslang.

Weil diese Veränderungen nicht die Nukleotidsequenz des DNA-Strangs – die Hardware unseres Computers – betrifft, sondern sich oberhalb von ihr, in der Software, abspielt, spricht man auch von Epigenetik. Denn die griechische Vorsilbe »epi« heißt auf Deutsch übersetzt »über« und signalisiert, dass sich diese Veränderung oberhalb des DNA-Strangs vollzieht.

Wir sind dem Code unserer Gene also nicht wehrlos ausgeliefert. Nein, hier liegt eine große Chance verborgen!

Die Gene werden epigenetisch reguliert, also an- und abgeschaltet, abhängig davon, welchen Umwelteinflüssen wie etwa Nahrung, Erfahrungen oder Gefühle sie ausgesetzt sind.

Das heißt, wir können aktiv etwas für unsere Gesundheit tun! Zwar gelten die ersten Lebensjahre als besonders prägend, doch auch im Lauf des Lebens können wir das Zusammenspiel unserer Gene und damit ihre Möglichkeiten beeinflussen. Diese Erkenntnisse wurden zwar in erster Linie bei Tierversuchen nachgewiesen, da beim Menschen Studien nicht zuletzt wegen der langen Reproduktionszeiten – neun Monate, bis ein Kind geboren wird – schwieriger sind. Allerdings zeigen Untersuchungen, dass viele dieser Faktoren auch auf uns zutreffen dürften.

Die Grundausstattung – bereits vor der Geburt festgelegt

Bereits vor der Geburt steuern epigenetische Prozesse die untere limbische Ebene von Hypothalamus, Hypophyse und den vegetativen Zentren des Gehirns. Sie legen die psychische Grundausstattung eines Kindes und damit sein Temperament als Kern seiner späteren Persönlichkeit fest. Wie eine Software, die von einer Generation an die nächste weitergegeben wird, werden daher traumatische Erlebnisse und ihre psychischen Folgen über Generationen hinweg weitergegeben. Dabei nehmen Wissenschaftler an, dass etwa eine Traumatisierung und eine damit verbundene posttraumatische Belastungsstörung durch Erfahrungen von Krieg, von psychischem oder physischem Missbrauch oder Verwahrlosung auch bei Nachkommen psychische Probleme hervorrufen können.

Dahinter steckt die Annahme, dass sich das Lebensfeld, was ein Mensch tut und erlebt, auf seine Gene auswirken kann, wobei deren Aktivität etwa durch eine traumatische Erfahrung erhöht oder reduziert wird und damit auch das Verhalten, Denken und Fühlen beeinflusst werden. Erlebt eine Mutter etwa während ihrer Schwangerschaft eine oder mehrere traumatische Situationen, wird sie geschlagen oder Zeuge eines brutalen Übergriffs, kann sich das auf das Kind auswirken (fetale Programmierung). Die Kinder leiden als Erwachsene dann eher unter Bluthochdruck, neigen zu Diabetes und Herz-Kreislauf-Erkrankungen sowie zu Selbstwertproblemen, Angst oder Aggression.

Auslöser für diese Veränderung ist der enorme Stress der Mutter. Das Stresshormon Cortisol, das dadurch erhöht ausgeschüttet wird, schlägt sich in ihrem Körper nieder und wird auch an das Kind weitergegeben. Zusätzlich wird sie ihr Kind, um es genau davor zu schützen, vielleicht überbehütet erziehen und somit ihre Angst durch die Erziehung weiterreichen. Bei der Psycho-Kinesiologie erfahre ich oft, dass die Verhaltensmuster oder das Rollenverständnis der Mutter auf die Tochter übertragen werden. Auch bei Familienaufstellungen wird dies offensichtlich. Über das Weiterreichen von Kriegstraumata auf die nächsten Generationen gibt es viele Veröffentlichungen.

Umwelteinflüsse werden vererbt

Experimente mit Mäusen haben ergeben, dass negative Erfahrungen über Generationen hinweg vererbt werden können. Am Beispiel von Gerüchen, die Gefahr signalisieren, gelang es Forschern nachzuweisen, dass selbst die Enkelkinder mit Angst auf einen bestimmten Geruch reagierten, wenn ihre Großväter damit schlechte Erfahrungen gesammelt hatten. Auf epigenetische Weise informierten die Mäuse ihren Nachwuchs und den ihrer Kinder über problematische Umweltbedingungen. Die Forscher stellten fest, dass ein Gen zur Erkennung von Düften bei dieser Mäusesippe deutlich weniger angeschaltet war als normalerweise.

Doch nicht nur Verhaltensmuster und Emotionen werden an nachfolgende Generationen weitergetragen, sondern auch das Risiko, beispielsweise durch falsche Ernährung an Diabetes zu erkranken. Eine Studie (siehe Radford im Literaturverzeichnis) an schwangeren Mäusen bestätigte, dass es auch ein epigenetisches Gedächtnis der mütterlichen Ernährung gibt.

Selbst wenn sie nur die halbe Portion Futter erhielten und dadurch kleinere Nachkommen aufzogen, entwickelten Folgegenerationen dennoch Diabetes, wenn sie später normale Futtermengen erhielten. Und nicht nur die ersten Nachfahren, sondern auch deren Nachfahren wiederum waren kleiner und wurden öfter zuckerkrank, auch wenn deren Mütter normal ernährt worden waren.

Dafür sind offensichtlich epigenetische Veränderungen verantwortlich, wobei das evolutionär gesehen sinnvoll erscheint: Wird Nahrung knapp, können Nachkommen darauf programmiert werden, mit wenig Futter auszukommen. Plötzlicher Nahrungsreichtum scheint ihre Körper dann zu stressen, und sie entwickeln Stoffwechselkrankheiten wie Diabetes. Überraschenderweise waren die Veränderungen im Erbgut der Enkel nicht mehr zu finden, das bedeutet, die Erinnerung an die Unterernährung der Großmutter wurde ausgelöscht oder jedenfalls nicht mehr über die veränderte DNA weitergegeben. Auch das ist evolutionär sinnvoll: Die Umwelt wandelt sich ständig, auf karge Zeiten können auch fette Zeiten folgen.

Auch beim Menschen lässt sich dieser Zusammenhang nachweisen. Diabetes und Fettleibigkeit werden vermutlich durch Epigenetik vererbt. Nicht nur das Essverhalten der Mutter, sondern auch das des Vaters vor der Zeugung und der Lebenswandel der Eltern insgesamt haben Auswirkungen auf den Nachwuchs.

Eine Untersuchung der norwegischen Universität in Bergenwies zeigte außerdem, dass Kinder von Ex-Rauchern ein erheblich höheres Asthma-Risiko haben, selbst wenn die Väter lange vor deren Geburt das Laster aufgaben. Wer vor der Zeugung über zehn Jahre rauchte, erhöhte demnach das Risiko seiner Kinder, an Asthma zu erkranken, um 50 Prozent. Allerdings gilt auch der Umkehrschluss: Guter Lebenswandel kann sich ebenso auf spätere Generationen auswirken!

Denn epigenetische Vererbung ist anders als genetische Vererbung prinzipiell reversibel, sodass die Häufigkeit von Fettleibigkeit und Diabetes und auch das Asthma-Risiko, um nur einige Krankheiten zu nennen, bei entsprechendem Lebenswandel wieder abnehmen. Die Software kann auch wieder umgeschrieben werden.

Dazu ein Beispiel, wieder aus meinem eigenen Leben: Mein Vater und meine Mutter sind beide an Dickdarmkrebs gestorben. Natürlich habe ich die Disposition, ebenfalls an Dickdarmkrebs zu erkranken, von ihnen geerbt. Aber ich bin nun schon fast doppelt so alt, wie mein Vater wurde, und schon 15 Jahre älter, als meine Mutter geworden ist.

Ich habe mich nicht einfach in mein Schicksal ergeben, sondern nachgeforscht, warum meine Eltern diese Krankheit überhaupt bekommen haben.

Bei meinem Vater waren der Krieg, die Flucht und die damaligen Lebensbedingungen sicherlich schuld an seinem schlechten Immunsystem. Bei meiner Mutter fand ich heraus, dass sie auf einer Wasserader geschlafen hat, sich auf dem Land hauptsächlich von Schweinefleisch ernährt hat, wodurch ihr Immunsystem massiv gestört wurde. (Zum Thema »Schlafen an einer belasteten Stelle« später auf den Seiten 148 und 191ff. mehr.)

Mit diesen Erkenntnissen habe ich natürlich meine Essgewohnheiten verändert, meinen Schlafplatz nach Wasseradern überprüft und trainiere täglich mein Immunsystem. Jeder von uns hat jeden Tag sogenannte Krebszellen in seinem Körper. Mit einem intakten Immunsystem gelingt es ihm, sie selbst zu zerstören und in Schach zu halten.

Diese Möglichkeit, die uns unser Körper eröffnet, zeigt, wie wirkungsvoll wir Einfluss durch unser Denken und Handeln auf unsere Gesundheit und auf unsere Biografie nehmen können. Nicht alles ist determiniert, und indem wir unser Verhalten ändern, können wir Dinge verändern. Wir haben wie bei einem Fächer die Möglichkeit, unsere Chancen zu nutzen und neu auszuwählen.

Ein Auswahlmuster wird von der Evolution grundsätzlich vorgegeben und von unserer persönlichen Geschichte durch unsere Familie und Ahnen bestimmt. Doch jeder Einzelne kann etwas bewirken, und das hat Auswirkungen auf den persönlichen Lebensweg eines jeden von uns. Ebenso wie auf den nachfolgender Generationen.

Damit Sie sich selbst und Ihrer Familie nun einen Schritt näherkommen, können Sie den anhängenden Fragebogen ausfüllen. Ihn lasse ich viele Patienten vor unserer ersten Begegnung ausfüllen. Ihre Antworten liefern mir nicht nur Behandlungshinweise, sondern regen vor allem die Auseinandersetzung des Einzelnen mit sich selbst an. Jeder, der mit ihm arbeitet, kommt sich selbst ein Stückchen näher und wird sich selbst ein bisschen bewusster.

Selbsttest: Was macht mich aus, welche Vorgeschichte habe ich?

Dieser Fragebogen ist nicht in 15 Minuten abzuhaken, Sie sollten sich dafür Zeit nehmen. In der Regel verwenden meine Patienten zwei bis drei Stunden auf die Beantwortung der Fragen zu sich selbst. Bei vorgegebenen Antwortmöglichkeiten kreuzen Sie bitte an oder unterstreichen Sie, ansonsten ist Platz für Ihre Einträge.

1. Welche gesundheitlichen Probleme haben Sie (in Stichworten)?

   ....

   ....

   ....

   ....

2. Seit wann bestehen diese Störungen?

   ....

3. Sind Sie sonst mit Ihrem Gesundheitszustand zufrieden?
   Wenn nein, welche Probleme haben Sie außerdem?

   ....

   ....

   ....

   ....

4. Wie müsste es sein, damit Sie von sich sagen können: »Ich bin gesund, so bin ich zufrieden mit mir«? Anders gefragt: »Welche Eigenschaften müsste Ihr Körper/müssten Sie haben, damit Sie zufrieden sein könnten?«
   Oder noch anders gefragt: »Was sind Ihre Wünsche an eine Behandlung?«

   ....

   ....

5. Wann sind Ihre Beschwerden schlimmer?

   ○ nachts ○ morgens ○ vormittags
   ○ nachmittags ○ immer

6. Gehen Ihre Beschwerden, wenn Sie nicht zu Hause sind (zum Beispiel im Urlaub), zurück? Wenn ja: Welche Beschwerden werden besser?

   ....

   ....

   Welche Beschwerden bestehen fort?

   ....

   ....

   Wie lange müssen Sie von zu Hause weg sein, bis es besser wird?

   ....

7. Unter welchen der folgenden Symptome leiden Sie? Bitte kreuzen Sie an, was auf Sie zutrifft. Machen Sie ein bis fünf Kreuze, je nach Intensität der Symptomatik.

allgemeine Schwäche
○ ○ ○ ○ ○

schlechte Merkfähigkeit
○ ○ ○ ○ ○

innere Unruhe
○ ○ ○ ○ ○

innere Gehetztheit
○ ○ ○ ○ ○

Reizbarkeit
○ ○ ○ ○ ○

Stimmungsschwankungen
○ ○ ○ ○ ○

Konzentrationsstörungen
○ ○ ○ ○ ○

Antriebslosigkeit
○ ○ ○ ○ ○

Denkblockaden/Wortfindungsstörungen (Denkstörungen)
○ ○ ○ ○ ○

Depressivität
○ ○ ○ ○ ○

allgemeine Lustlosigkeit
○ ○ ○ ○ ○

Schüchternheit
○ ○ ○ ○ ○

Schlafstörungen
○ ○ ○ ○ ○

Kopfschmerzen
○ ○ ○ ○ ○

Atemnot
○ ○ ○ ○ ○

Reizhusten
○ ○ ○ ○ ○

trockene Nase
○ ○ ○ ○ ○

Fließschnupfen
○ ○ ○ ○ ○

verstopfte Nase
○ ○ ○ ○ ○

Nebenhöhlenentzündungen
○ ○ ○ ○ ○

Herzbeschwerden
○ ○ ○ ○ ○

Herzklopfen
○ ○ ○ ○ ○

Herzschmerzen
○ ○ ○ ○ ○

Herzrhythmusstörungen
○ ○ ○ ○ ○

Herzunruhe
○ ○ ○ ○ ○

Herzangst	Bluthochdruck
niedriger Blutdruck	Kreislaufstörungen
Blutfetterhöhungen	Reizblasenerscheinungen
Harninkontinenz/ Harnträufeln	Zittern
gestörtes Kälte-Wärme-Empfinden	Kloßgefühle
Gesichtsschwellungen	Lidschwellungen
vermehrtes Frieren	vermehrtes Schwitzen
Nachtschweiß	kalte Hände/Füße
Unsicherheiten beim Gehen	Schwindelgefühle
Allergien	Hautprobleme
Schleimhautprobleme	Mundtrockenheit
Juckreiz	Verhornungsstörungen der Haut
Zungenbrennen	Zahnfleischbluten
Augenjucken/Augenbrennen	Haarausfall

Entzündungen im Genitalbereich

Nackenverspannungen

Rückenschmerzen

Muskelschmerzen

Gelenkschmerzen

Knochenschmerzen

Knieschmerzen

ziehende Beinschmerzen

unruhige Beine

Muskelschwäche

Leistenbeschwerden

Nierenschmerzen

Leibschmerzen

Magenbeschwerden

Blähungen

Sodbrennen

Mundgeruch

Hals-Rachen-Beschwerden

Sehnenscheiden-entzündungen

Gefühlsstörungen

Nervenstörungen

Übelkeit

Sehstörungen

Hörstörungen

Geruchsstörungen

Geschmacksstörungen

Ohrensausen/-piepen/-brummen

Schwerhörigkeit

Infektanfälligkeit ○○○○○

Regelstörungen ○○○○○

Hormonstörungen ○○○○○

sexuelle Störungen ○○○○○

8. Wenn Sie unter Kopfschmerzen leiden: Wie viele Jahre schon?

....

Wie häufig:
...... Mal täglich ...... Mal pro Woche ...... Mal pro Monat?

Wann sind die Kopfschmerzen schlimmer?

○ tagsüber ○ nachts ○ vormittags
○ nachmittags ○ abends

Wie ist der Kopfschmerzcharakter?

○ dumpf ○ drückend ○ ziehend ○ ringförmig

Wo befindet sich der Kopfschmerz?

○ ringförmig ○ überall ○ Stirnbereich
○ Schläfe ○ Hinterkopf ○ im Inneren
○ hinter den Augen ○ im Gesicht

Welche andere Beschreibung Ihrer Kopfschmerzen
können Sie geben?

....

....

Nehmen Sie Kopfschmerztabletten? Welche?

....

....

....

9. An welchen Körperstellen und wie äußern sich bei Ihnen Allergien?

....

....

Welche Ergebnisse sind durch Allergie-Testungen bislang ermittelt worden?

....

....

Wie oft haben Sie unter Allergien zu leiden?

....

Welche Therapien sind bislang für die Allergien erfolgt?

....

....

10. Bei Hautproblemen: Wie äußern sich diese, wo sind sie lokalisiert?

....

....

11. Bei Hormonstörungen: Welche Hormonstörungen haben Sie, was ist untersucht worden, wie äußern sich diese Störungen bei Ihnen?

....

....

12. Zur Periode bei Frauen:

Wann hatten Sie Ihre erste Regelblutung?

Mit ...... Jahren

Haben sich die Perioden schnell eingespielt? ja nein

In welchen Zeitabständen kommt/kam Ihre Regel?

....

Ist/war sie mit starken Schmerzen verbunden? ja nein

Welche Probleme gibt/gab es sonst mit Ihrer Regel?

....

Wann hatten Sie die letzte Regelblutung?

....

Falls zutreffend: Leiden Sie unter Wechseljahrbeschwerden? Seit wann und welcher Art?

....

....

....

Nehmen Sie Hormone wegen Wechseljahrbeschwerden ein (auch Pflaster)? Seit wann und wenn ja, welche? Wie vertragen Sie diese? Geht es Ihnen seither besser?

....

....

....

....

13. Leiden Sie unter Gelenkschmerzen?

seit ...... Monaten/seit ...... Jahren.

Mit welchen Gelenken fing es an?

....

Welche Gelenke sind jetzt betroffen?

....

Sind auch Weichteilbereiche (z. B. Muskeln, Unterhautfettgewebe) betroffen?

ja nein

Welche Behandlungen haben Sie deshalb schon erhalten?

....

....

14. Wie häufig haben Sie Stuhlgang?

...... Mal pro Tag? ...... Mal pro Woche?

Wie ist die Farbe Ihres Stuhlgangs?

....

Ist der Stuhlgang meist normal (wie eine Wurst) geformt? ja nein

Haben Sie häufig breiige Stühle? ja nein manchmal

Haben Sie Schleimbeimengungen? ja nein manchmal

Haben Sie Schmerzen beim Stuhlgang? ja nein manchmal

Haben Sie Durchfälle? ○ ja ○ nein ○ manchmal

Wie oft? ...... Mal/Tag ...... Mal/Woche ...... Mal/Monat

Haben Sie Blutbeimengungen im Stuhl? ○ ja ○ nein ○ manchmal

Gab es Zeiten, in denen dies grundsätzlich anders war?

....

15. Bekommen Sie leicht Fieber? ○ oft ○ selten ○ nie

Wann hatten Sie zuletzt Fieber, und wissen Sie noch, warum?

....

Haben Sie häufig Infekte/Erkältungen? ○ ja ○ nein

Wie lange dauern diese meistens an? ...... Tage ...... Wochen

Wie äußern sich Infekte bei Ihnen in der Regel (mit welchen Symptomen?)

....

....

16. Welche Medikamente nehmen Sie ein?

....

....

....

(Bitte auch Beruhigungsmittel, Schlafmittel, Abführmittel usw. auflisten!)

17. Nehmen Sie die (Antibaby-)Pille? ja nein

Oder früher genommen? ja nein

Welches Präparat?

....

Tragen/trugen Sie eine »Spirale«? ja nein

Wie lange haben Sie insgesamt die Pille/Spirale genommen/getragen?

...... Jahre/Monate die Pille ...... Jahre/Monate die Spirale

18. Haben Sie in den letzten Monaten/Jahren Antibiotika eingenommen?

circa ...... Mal im Lauf von ...... Monaten/Jahren

19. Welche Erkrankungen/Krankenhausaufenthalte/Operationen haben Sie bisher durchgemacht? Bitte denken Sie auch an Lymphknotenschwellungen, Pilzerkrankungen, Warzen, Schnitt- und Platzwunden, Knochenbrüche, Mittelohrentzündungen, Nasennebenhöhleninfektionen, Blinddarmreizungen, wiederkehrende Mandel-/Halsentzündungen, Herpes-Infektionen, Gürtelrose, Gallenprobleme, Nierenerkrankungen, Probleme mit der Leber, Blase, Schilddrüse, dem Herzen, dem Darm, Krebserkrankung, sonstige – und

bitte, wenn möglich, Jahreszahl oder in welchem Alter Sie waren, unterstreichen oder unten eintragen:

....

....

....

20. Haben Sie Probleme mit Ihrem Gebiss? Wenn ja, welche?

....

Tragen Sie Prothesen/Prothesen-Teile? ○ ja ○ nein

Nehmen Sie diese nachts heraus? ○ ja ○ nein

Wann waren Sie zuletzt beim Zahnarzt?

....

Was wurde an Ihrem Gebiss (Zähne, Kiefer, Kiefergelenk u. Ä.) behandelt? Bitte schildern Sie, was Ihnen bekannt ist.

....

....

Wann haben Sie die ersten Amalgamfüllungen erhalten?

Mit circa ...... Jahren

Wann haben Sie erste Überkronungen/Prothese erhalten?

Mit circa ...... Jahren

Ist das Amalgam bei Ihnen entfernt worden? ○ ja ○ nein

Mit circa ...... Jahren

21. Wer sind Ihre Ärzte/Ärztinnen (bitte Namen und Ort)?

Ihr Hausarzt? ....

Ihr Zahnarzt? ....

Ihr Gynäkologe? ....

Ihr Internist? ....

Ihr Orthopäde? ....

Ihr Psychotherapeut? ....

Ihr sonstiger Facharzt? ....

22. Welche Erkrankungen sind Ihnen in Ihrer Familie und bei wem bekannt?

....

....

....

23. Wie sind Ihre Essgewohnheiten? Diese Frage ist sehr wichtig, bitte seien Sie ehrlich zu sich selbst. Sollten Sie Ihre Ernährung vor kurzer Zeit geändert haben, nehmen Sie bitte zwei Farbstifte: z. B. grün ist die jetzige Ernährung und rot die vorherige. Nennen Sie den Zeitpunkt der Umstellung.

Bei meiner Ernährung achte ich besonders auf:

....

....

Die folgenden Angaben sind »durchschnittlich« gemeint.

Ich esse ..... Mal pro Woche Fleisch, meist

....

Ich esse ..... Mal pro Woche Wurst, meist

....

Ich esse ..... Eier pro Woche.

Ich esse ..... Mal pro Woche Kuchen, meist

....

Ich esse ..... Mal pro Woche Süßes, meist

....

Ich esse ..... Mal pro Woche Knabber-Leckereien (auch Gesalzenes).

Ich nehme circa ..... Löffel Zucker/ ..... Süßstoff pro Tag.

In der Regel esse ich

zum Frühstück:

....

mittags:

....

....

abends:

....

Meine Lieblingsgerichte sind:

....

....

Ich trinke circa ..... Liter Flüssigkeit pro Tag, meist

....

Ich trinke ..... Liter Milch/Tag ..... Liter/Woche.

Ich esse ..... Gramm Käse/Joghurt/Quark pro Tag

..... pro Woche

Ich trinke ..... Liter Kaffee/Schwarztee pro Tag

..... Liter pro Woche

Ich trinke ..... Liter Saft/Mineralwasser/Wasser/Cola/

pro Tag ..... pro Woche.

Mein Honigkonsum beträgt:

..... Löffel/Gramm pro Tag ..... pro Woche.

Ich trinke an ..... Tagen pro Woche Alkohol, meist:

○ Bier ○ Wein ○ Scharfes

dabei jeweils ○ 0,1 ○ 0,2 ○ 0,5 ○ 1 ○ 1,5 Liter

Wie viele Tage pro Woche sind alkoholfrei?

....

Haben Sie das Gefühl, dass Sie Ihren Alkoholkonsum reduzieren sollten?

○ ja ○ nein

Ärgert es Sie, wenn andere Leute Ihr Trinkverhalten kritisieren?

○ ja ○ nein

Hatten Sie wegen Ihres Alkoholkonsums schon Gewissensbisse?

○ ja ○ nein

Haben Sie morgens schon als Erstes Alkohol getrunken, um Ihre Nerven zu beruhigen?

○ ja ○ nein

Ich/wir besitzen einen Mikrowellenherd seit

..... Monaten ..... Jahren

Er findet Verwendung bei:

....

Mein Nikotinkonsum beträgt ..... Zigaretten ..... pro Tag ..... pro Woche

Ich kaue ..... Mal pro Tag ..... Mal pro Woche Kaugummi/Lakritze.

Ich vertrage folgende Speisen/Getränke nicht:

....

....

....

Diese lösen bei mir folgende Beschwerden aus:

....

....

....

Ich habe Heißhunger circa ..... Mal pro Tag ..... Mal pro Woche auf

....

....

Essen/trinken Sie sogenannte »Light«-Produkte (»du darfst«, »Lite-«, »läta«, »Soft-...«, »alkoholfrei«, »koffeinfrei«)? Wenn ja, welche?

....

....

Was fällt Ihnen außerdem zu Ihrer Ernährung ein?

....

....

....

24. Wo verbringen Sie in der Regel Ihren Urlaub?

....

....

Wie viele Wochen im Jahr machen Sie Urlaub?

....

Wie lange davon fahren Sie weg?

....

Ändern sich Ihre Beschwerden im Urlaub? ○ ja ○ nein

Die Beschwerden werden zu
circa ..... Prozent besser ..... Prozent schlechter

25. Benutzen Sie Solarien/Bräunungs-Studios? ○ ja ○ nein
..... Mal pro Woche ..... Mal pro Monat

26. Haben Sie Haustiere? Wenn ja, welche?

....

27. Wie sind Ihre Schlafgewohnheiten?

Träumen Sie? ○ viel ○ wenig ○ nie ○ angenehm
○ angstvoll ○ unangenehm ○ oft das Gleiche

Wachen Sie zu bestimmten Zeiten nachts auf? ○ ja ○ nein

Wenn ja, wann? Um ..... Uhr

Wachen Sie morgens gerädert auf? ○ ja ○ nein

Sind Sie morgens ausgeschlafen? ○ ja ○ nein

Schlafen Sie unruhig? ○ ja ○ nein

Wühlen Sie im Bett? ○ ja ○ nein

Wann gehen Sie in der Regel schlafen? Um ..... Uhr

Wann stehen Sie in der Regel auf? Um ..... Uhr

Leiden Sie unter Schlafstörungen? ja nein

Wenn ja: Ich schlafe schlecht ein schlecht durch

Seit wann wohnen Sie im jetzigen Haus?

..... Jahre ..... Monate

Seit wann schlafen Sie am jetzigen Platz?

..... Jahre ..... Monate

Ich schlafe im Erdgeschoss im ..... Stockwerk

In was für einem Haus wohnen Sie?

Einfamilienhaus	Mehrfamilienhaus		Reihenhaus
Bungalow	Hochhaus	Fertighaus	Massivhaus
Betonbau	Holzbau	Ziegelbau	sonstiges:

....

Bitte fertigen Sie eine Zeichnung (ganz einfach, ohne Lineal, einfach aus der Hand und nur ganz grob skizziert!) über die Lage des Schlafzimmers im Stockwerk und die Lage des Betts im Schlafzimmer an. Welcher Raum grenzt an das Schlafzimmer, welche elektrischen Geräte befinden sich im Schlafzimmer und an der dahinterliegenden Wand? Welcher Raum befindet sich unter dem Schlafzimmer? Wo gibt es im Raum Steckdosen/Verlängerungskabel etc.?

....

....

....

....

Welche Matratze haben Sie?

- Federkern
- Schaumstoff
- Latex
- sonstige:

....

Haben Sie in Bettnähe

- Radiowecker
- elektrischen Wecker in der Steckdose
- tragbares Telefon
- Ladestation
- Fernsehgerät
- Videorekorder
- Fernbedienung
- Abschirm-Matte
- Heißlüfter
- Dimmer
- Heizdecke/-kissen
- sonstiges:

....

Auf welcher Unterlage ruht Ihre Matratze?

- Lattenrost
- Sprungfeder-Rahmen
- Fußboden
- sonstiges:

....

Haben Sie einen verstellbaren Unterrahmen? ja nein

Mit Motor? ja nein

Tragen Sie relativ regelmäßig Schmuck? ja nein

Welcher Art?

....

Legen Sie diesen nachts ab? ○ ja ○ nein

Tragen Sie (regelmäßig)

○ Nylonwäsche ○ Perlonstrumpfhosen

○ Mieder ○ Leibbinden?

28. Wie viele km fahren Sie durchschnittlich Auto?

..... km pro Monat ..... pro Jahr

29. Benutzen Sie ein Handy? ○ ja ○ nein

Wenn ja, ... Mal am Tag Wie lang jeweils? ..... Minuten

30. Wie viele Stunden pro Tag arbeiten Sie durchschnittlich?

..... Stunden

31. Was machen Sie beruflich?

....

....

Welche Ausbildung haben Sie?

....

Hat sich in Ihrer beruflichen Situation Entscheidendes geändert?

....

....

32. Haben Sie Kinder? ◯ ja ◯ nein

Wenn ja, wie viele und wie alt sind sie?

....

....

33. Was unternehmen Sie in Ihrer Freizeit?

....

....

Welchen Hobbys gehen Sie nach?

....

....

Gehören Sie einem Verein/einer Selbsthilfegruppe o.Ä. an?
Wenn ja, welchem/welcher?

....

....

34. Haben Sie eine zufriedenstellende Partnerschaft/Ehebeziehung? ja nein

Sind Sie mit Ihrer Sexualität zufrieden? ja nein

Wenn nein, was stört Sie an Ihrer Sexualität/in Ihrer(n) sexuellen Beziehung(en)?

....

....

Was müsste sein, damit Sie sagen können: »Ich habe eine gute Beziehung zu meinem Lebenspartner(in)«?

....

....

35. Sind Sie religiös? ja nein

Wenn ja, wie würden Sie das beschreiben?

....

....

36. Meditieren Sie? ja nein

Wenn ja, können Sie es näher beschreiben?

....

....

37. Hören Sie Musik? ○ ja ○ nein

Welche?

....

Spielen Sie ein Musikinstrument? ○ ja ○ nein

Wenn ja, welches?

....

38. Treiben Sie Sport? ○ ja ○ nein

Wenn ja, welchen?

....

....

....

....

39. Lesen Sie Zeitschriften/Bücher? Welche?

....

....

....

....

....

....

40. Wie ist Ihr elektronischer Konsum (TV, Videospiele, Computer)?

- 1-4 Stunden/Woche
- 5-8 Stunden/Woche
- 1 Stunde täglich
- 1-2 Stunden täglich
- 2-3 Stunden täglich
- 3-4 Stunden täglich
- mehr: ..... Stunden/Tag

Wie groß ist der übliche Abstand vom Fernsehgerät/Computer?

- 0,30 m
- 1 m
- 2 m
- 3 m
- 4 m

Spielen Sie Videospiele, Gameboy oder Ähnliches?

- ja
- nein

Wenn ja, wie lange im Durchschnitt pro Tag?

..... Stunden täglich

Wie viele Stunden täglich verbringen Sie im Schnitt vor dem Computer?

..... Stunden/Tag.

41. Gibt es sonst noch Informationen, die Sie für wichtig erachten? Bitte formulieren Sie diese in eigenen Worten, gerne können Sie auch ein gesondertes Blatt beifügen.

....

....

KAPITEL 5

Chronische Erkrankungen und was wir dagegen tun können

Meiner Ansicht nach entsteht eine chronische Erkrankung – ich hatte dazu ja schon das Bild mit dem überlaufenden Fass eingeführt –, wenn Wasser zu lange über den Rand eines Fasses tritt. Wenn es zu viele Zuläufe gibt und/oder der Ablauf defekt ist.

Zusammen mit dem Patienten prüfe ich dann: Gibt es die Chance, Dinge zu verbessern, reagiert das System noch, wenn wir die Ursache eindämmen – oder nicht?

Chronische Erkrankungen treten – das ist eine Tatsache, die Sie nicht überraschen wird – immer dann auf, wenn das Gleichgewicht nicht in Ordnung ist und das Immunsystem über einen längeren Zeitraum geschwächt wurde. Das kann zum Beispiel durch ungleich lange Beine erfolgen. Infolgedessen kann sich die Wirbelsäule so stark verändern, dass sich Arthrosen bilden oder Kalkablagerungen an der Wirbelsäule. Kalk fällt im übersäuerten Zustand aus. Übersäuerung entsteht etwa durch eine chronische Reizung, die eine chronische Entzündung hervorruft.

Ein anderes Beispiel: Hat jemand – und jetzt sind wir auf der regulativen Ebene – lange Zeit stark geraucht, kann seine Schleimhaut, nachdem er damit aufgehört hat, derart geschädigt sein, dass sie nicht mehr in der Lage ist, sich effektiv selbst zu erneuern. Die Folge: eine andauernde chronische Bronchitis, außerdem steigt das Risiko, an Lungenkrebs zu erkranken.

Oder: Unterdrücke ich psycho-emotional zu lange meine Wut, kann das Darmprobleme auslösen. Oder: Bin ich so sehr von einem Gedanken fixiert, kann sich eine Magenschleimhautentzündung entwickeln.

Damit nicht genug: Lassen sich bestimmte Strukturen und Regelkreise nicht mehr zurück in ihr Gleichgewicht führen, erhöht das die Gefahr schwerwiegender chronischer Erkrankungen wie Morbus Crohn, Colitis ulcerosa und Krebs. Zudem können sich Autoimmunerkrankungen wie Rheuma und Hashimoto ausbilden.

So weit müsste es nicht kommen: Unser Körper sendet uns sehr eindrucksvoll Signale und Warnhinweise, und das immer wieder. Wir sprachen auch bereits über Syndrome.

Wann kann ich erkennen, dass etwas nicht stimmt? Bei Befindlichkeitsstörungen: wenn wir uns krank fühlen, ohne zu wissen, was es ist. Jeder kennt diese seltsame Situation!

Treten Befindlichkeitsstörungen immer wieder und im gleichen Rhythmus auf, gilt es, etwas zu unternehmen. Immer wiederkehrende Rücken-, Kopf-, Halsschmerzen und vieles mehr signalisieren uns: Hier läuft das Fass über, wir sind durch irgendetwas aus dem Gleichgewicht gekommen. Hier entsteht eine chronische Erkrankung!

Diese Symptome funken SOS an uns! Und spätestens dann sollten wir tätig werden und versuchen, unser System zu beruhigen und es zu unterstützen, in sein Gleichgewicht zurückzubringen.

Es ist nie zu spät, wenn das System sich noch selbst regulieren kann. Unsere Regelmedizin allerdings kennt oft nichts anderes, als mit Cortison, Schmerzmitteln oder Zäpfchen kurzfristig die auftretenden Symptome zu besänftigen oder die Magensäure oder das Fieber zu unterdrücken. Doch hier gilt es, in Zusammenhängen zu denken. Patienten, die zu mir kommen, sind, wie man im Fachjargon sagt, oftmals »durchuntersucht« beziehungsweise »austherapiert«: Sie haben eine regelrechte Odyssee hinter sich, und dem nähere ich mich über den Fragebogen und indem ich zuhöre.

Kein Patient kommt nur wegen einer Grippe oder einer Erkältung zu mir. Mein neuer Patient ist keiner der 60 Prozent aus der gaußschen Normalverteilung. Nein, er zählt zu den 40 Prozent, die häufig nicht mehr weiterwissen.

Gemeinsam begeben wir uns detektivisch auf die Suche nach Spuren und Indizien, um eine mögliche Ursache einzukreisen. Der Mudra-Test hilft, aber er sagt mir nur, auf welcher Ebene das Störfeld ist. Ich weiß noch nicht, was genau vorliegt.

Ein Beispiel: Eine Patientin hatte ständig Schwindelanfälle und musste deshalb bereits mit Mitte 50 ihren Job quittieren. Der Mudra-Test zeigte mir, dass das Hauptproblem auf der regulativen Ebene zu finden ist. Aber danach mussten wir das Problem weiter einkreisen. Wir fanden heraus, dass sie wegen unterschiedlicher Metalle in ihren Zähnen einen so hohen galvanischen Stromfluss hatte, dass man ihr eine Fahrradlampe hätte in den Mund halten können, die diese zum Leuchten bringen würde. Außerdem wies ihr Körper eine hohe Quecksilberbelastung auf.

Natürlich versuche ich auch, an der Vorbeugung zu arbeiten: Erkenne ich zum Beispiel, dass sich bestimmte Muster aufbauen, die später zu Beschwerden führen können, versuche ich, entsprechend auf die Patienten einzuwirken: Ich erkläre ihr oder ihm beispielsweise, darauf zu achten, dass keine unterschiedlichen Metalle beim Zahnersatz verwendet werden dürfen, um beim vorigen Fall zu bleiben.

Nach der Befragung kommt die körperliche Untersuchung, die aber bei mir über die der klassischen Medizin hinausgeht:

* Ich prüfe je nach Patient Triggerpunkte und taste nach Wirbelgelenksverschiebungen.
* Ich prüfe die Meridianpunkte, sind sie empfindlich, gibt mir das Hinweise auf beeinträchtigte Organe.
* Die Zunge zeigt mir auf einen Blick, ob die Verdauung intakt ist oder nicht: Drücken sich beispielsweise die Zähne am Rand der Zunge ein, ist das ein Hinweis auf ein Leberproblem, darauf, dass die Entgiftung nicht stimmt. Farbe und Belag der Zunge lassen mich erkennen, ob zum Beispiel ein Vitamin-B-Mangel besteht oder ob die Dickdarmflora gestört ist.
* Außerdem checke ich die Länge der Beine. Ist nämlich ein Bein zu lang, führt das zu Rücken- oder Kopfschmerzen und kann Auslöser für Gelenkprobleme in Knie oder Hüfte sein.
* Ein Test der Gesichtshaut über dem Jochbein verrät mir etwas über die Spannkraft des Körpers: Lässt sich die Haut dort einfach hochziehen, ist wenig Spannkraft vorhanden. Ist das nicht oder kaum möglich und ist sie prall wie bei einem Spanferkel, hat das Gewebe eine gesunde Spannkraft. Nichts ist verspannt, ausgeleiert, ein solcher Körper kann wieder in seine natürliche Ruheposition zurückfinden, wenn wir zum Beispiel mit übereinandergeschlagenen Beinen dasitzen oder aus der Hocke aufstehen. Auch die Gebärmutter findet nach einer Schwangerschaft wieder in ihre natürliche Position zurück, sodass weder Dehnungsstreifen noch Krampfadern entstehen.

Nachlassende Spannkraft ist immer ein Indiz dafür, dass der Körper Unterstützung braucht, um sich zu regulieren.

Um dem Körper und damit dem Patienten zu helfen, kombiniere ich in meinem Praxisalltag die Erkenntnisse der drei großen Richtungen der Komplementärmedizin:

1. Die Regulative Medizin. Hierin sind wir in Europa Meister mit Naturheilkundlern und Ärzten wie Kneipp, Mayr, Huneke, Kolb und vielen anderen. Sie versuchten, mit ihren Methoden die körpereigenen Regelkreise zu unterstützen. Ein Wissen, dessen sich vor allem Naturheilkundeärzte und Komplementärmediziner wie ich und auch viele Heilpraktiker bedienen.
2. Die Substitutionsmedizin, die in den USA sehr berühmt ist. Vor allem die Orthomolekulare Medizin. Nach einem Bluttest verordnen die Anhänger dieser Substitutionsmedizin alle möglichen Kombinationen aus Vitaminen, Mineralien und Spurenelementen, um den Körper bei seiner Arbeit – speziell bei einer Erkrankung – zu unterstützen, damit sich dieser wieder erholen kann.
3. Die aus Asien stammende Energetische Medizin, die auf einen Ausgleich von Yin und Yang Wert legt, wie die Hauptenergien in der chinesischen Medizin genannt werden. Oder auf den energetischen Ausgleich der Chakren. Dieser steht im Mittelpunkt der indischen Medizin und gibt uns Möglichkeiten an die Hand, auf unser energetisches System ausgleichend einzuwirken.

Diese drei medizinischen Hauptrichtungen versuche ich bei der Diagnosefindung und meiner Behandlung zu kombinieren. Dabei richte ich mein Augenmerk als Erstes auf die Hauptebene mit der Frage: Wo liegt die Hauptursache des Ungleichgewichts verborgen?

Entsprechend stelle ich die Diagnose, verordne eine Therapie, und dann müssen wir sehen, welche Auswirkungen mein beziehungsweise unser »Eingriff« hat, um, darauf aufbauend, weitere Schritte Richtung Heilung zu unternehmen. Je nach Fall. Manchmal helfen – wie ich bereits beschrieben habe – kleine Veränderungen. Wie übermäßigen Kaffeekonsum einschränken oder bei Kopf- und Rückenschmerzen die Gabe von Magnesium. Weil ein starker Magnesiummangel diese Verspannungen auslösen kann.

Auch wenn ich bei der Anamnese sehr viel durch Befragung des Patienten, durch die körperliche und energetische Untersuchung erfahren und verstanden habe, greife ich auch auf bildgebende Untersuchungen oder einen Bluttest zurück: Ich nutze diese technischen Verfahren, um meine Vermutungen zu verifizieren, und lasse sie nur dann durchführen, wenn sich daraus therapeutische Maßnahmen ableiten lassen.

Ich schicke einen Patienten also zum Ultraschall, weil ich denke, da ist zum Beispiel eine Zyste an der Achillessehne. Und überlege mir sehr wohl, ob es ein Ultraschallbild für 40 Euro sein soll oder ein MRT, das die Kasse oder den Patienten 800 Euro kostet. Für die Bestätigung einer Zyste an der Achillessehne beispielsweise reicht das Ultraschallbild vollkommen aus. Ein MRT bringt für die Therapie keinen Mehrwert, sie ist nur erheblich teurer. Wird aber häufig aus Angst, keine Fehler zu machen oder etwas nicht gesehen zu haben, verordnet. Weil sie als optimalste Methode angesehen wird, ohne sich über die Kosten und den wirklichen therapeutischen Nutzen Gedanken zu machen.

Aber das nur am Rande. Kommen wir zurück zu den einzelnen chronischen Erkrankungen und was Sie dagegen tun können. Um krank machende Faktoren oder, um im Bild zu bleiben, zu viel Wasser führende Schläuche aus dem Fass herauszunehmen oder verstopfte Abflüsse zu reinigen.

Da mir – wie Sie vielleicht schon bemerkt haben – Strukturen bei der Betrachtung schwieriger Zusammenhänge sehr wichtig sind, möchte ich auch die nun folgende Betrachtung der Befindlichkeitsstörungen einer gewissen Chronologie unterziehen. Aus diesem Grund fange ich am Kopf an und arbeite mich über den Körper zu den Füßen vor. Das Ende dieses Querschnitts beschließen die Autoimmunkrankheiten, die überall am Körper auftreten können.

Natürlich sind die folgenden Ausführungen nicht erschöpfend, sie können Ihnen aber Hinweise auf mögliche Ursachen Ihres speziellen Unwohlseins geben.

Was können die Ursachen sein, wenn Ihr Körper SOS funkt?

Bei Kopfschmerzen

Kopfschmerzen haben jeden von uns schon mal geplagt. Für manche Menschen sind sie eine regelrechte »Achillesferse«. Sie haben damit häufiger zu kämpfen und oft in bestimmten Rhythmen.

Für mich als Arzt ist es sehr interessant zu erfahren: Wann und an welcher Stelle tritt der Kopfschmerz auf beziehungsweise was löst ihn aus? Allein diese Fragen geben mir – und in diesem Fall auch Ihnen – Hinweise auf mögliche Ursachen.

Natürlich gilt es bei Kopfschmerzen immer auszuschließen, dass kein Tumor oder eine Fraktur im Kopfbereich zugrunde liegt. Klar! Doch für alle anderen Kopfschmerzarten möchte ich Ihnen nun ein paar Anhaltspunkte geben. Sie können Ihnen helfen, die Hintergründe Ihrer Beschwerden zu finden.

Wo und wann treten die Kopfschmerzen auf? Anhand der folgenden vier Fragen können Sie schon ein bisschen besser herausfinden, was sich hinter Ihren Kopfschmerzen verbirgt.

1. Wo lässt sich Ihr Kopfschmerz lokalisieren? Vorne, also frontal? Auf der Seite? Am Hinterkopf? Allein schon diese Unterscheidung weist auf Zusammenhänge hin:
   Frontal deutet auf eine Stirnhöhlenentzündung, Magenprobleme oder Probleme im Beckenbereich hin.
   Seitliche Kopfschmerzen, die oft mit Zugluftempfindlichkeit verbunden sind, geben Anhaltspunkte zum Leber-Gallen-System.
   Kopfschmerzen am Hinterkopf, die häufig vom Nacken ausgehen, deuten auf Muskelverspannungen in der Nackenmuskulatur hin. Sie können auch Augenerkrankungen signalisieren und sind sehr häufig stressbedingt.

2. Wann tritt der Kopfschmerz auf? Gibt es Rhythmen? Spüren Sie ihn bei Wetterumschwung, oder hängt er mit Ihrer Periode beziehungsweise dem Eisprung zusammen?

3. Gibt es lokale Regelmäßigkeiten? Ist es immer nachts zu Hause oder in einem bestimmten Raum, wenn Sie in der Arbeit sind ...

Diese Grundüberlegungen helfen uns sehr weiter. Damit können wir erkennen, in welche Richtung man nachfragen muss, und es hilft, die Ursachen weiter einzukreisen und zu behandeln.

Auf der *strukturellen* Ebene finden sich häufig folgende Ursachen von Kopfschmerzen: Verschobene Wirbelgelenke, auch der erste Halswirbel, der Atlas kann sich manchmal verkanten, Bissprobleme und ungleich hohe Zahnkronen können oft Kopfschmerzen verursachen.

Auf der *regulativen* Ebene gibt es häufig folgende Ursachen: unterschiedliche Metalle im Mund, Entzündungen im Kopfbereich (Mandeln, Nasennebenhöhlen, Zähne), Magenentzündungen, Entzündungen im Beckenbereich wie Blasenentzündungen – wobei man nachforschen muss, warum es immer wieder zu diesen Beschwerden kommt.

Auf der *emotionalen* Ebene liegen hinter Kopfschmerzen oft ungelöste Konflikte verborgen, die mit dem Magen oder Unterleibsmeridian bei Frontalkopfschmerz in Verbindung stehen, mit dem Leber- und Gallenmeridian bei Seitenkopfschmerz und mit dem Blasenmeridian bei Hinterkopfschmerz.

Auch auf der *geistigen* Ebene kann die Ursache liegen. Etwa wenn uns eine gedankliche Blockade beherrscht.

4. Was – lautet nun die nächste Frage – kann ich selbst tun?

Zuerst muss ich mir klar werden, zu welcher Kopfschmerzgruppe ich gehöre:

Frontale Kopfschmerzen: Das sind in meinen Augen oft sogenannte Magenkopfschmerzen. Sie sind für mich vielfach schon ein erstes Indiz darauf, dass denjenigen, den sie regelmäßig plagen, etwas im Magen liegt. Oft hat es auch mit dem Unterleib zu tun, wenn die Ursache auf der Gefühlsebene liegt. Das spüren wir meist auch selbst, dadurch dass uns Gefühle von Machtlosigkeit und Verletztheit nicht unbekannt sind, ebenso wie eine »unerfüllte Liebessehnsucht«.

Ist der seitliche Kopf betroffen, deutet das auf Probleme mit der Leber oder der Galle hin. Vielleicht kennen Sie das, Sie sitzen in der Bahn, im Flugzeug oder in einem Restaurant und sagen sich: Hier zieht es irgendwo!? Das ist ein typischer Hinweis auf Seitenkopfschmerzen. Sie spüren den Lufthauch eines Gedankens, sind sehr sensibel, sehr kreativ. Immer wollen Sie etwas Neues machen oder bemitleiden sich gerne selbst. Sie benötigen in der Regel eine Stärkung der Leber: Die muss entweder aufgeweckt oder ein Zuviel abgefangen werden. Artischockenlikör, mit Wasser aufgegossen, ist ein probates Mittel, um die Galle wieder zum Fließen beziehungsweise zum Abfließen zu bringen, um eine Stockung, die sich durch das Spüren von Zugluft manifestiert, wieder in Bewegung zu bringen. Auch Artischockentee ist für Leber- und Gallen-Typen gut. Oder im Frühjahr entgiften zum Beispiel mit einer Fasten- oder einer Entsäuerungstrinkkur.

Hinterkopf-Kopfschmerzen weisen auf eine Verkrampfung der Muskulatur hin, auch auf einen möglichen Magnesiummangel und auf Angst oder Belastung. Untersuche ich hier die Triggerpunkte in der Muskulatur des Halses, erhalte ich gezieltere Hinweise darauf, wo ein Störfeld sitzen kann: ob im Ober- oder im Unterkieferbereich oder ob ein Wirbelgelenk verschoben ist, das man dann behandeln kann.

Zusätzlich sollten die dahinterliegenden Ursachen in Angriff genommen, mögliche Ängste beziehungsweise Belastungen aufgelöst werden. Zum Beispiel sagen solche Menschen gerne: »Ich sehe keinen Ausweg.« Und sie stecken, statt über ihr Problem nachzudenken, den Kopf in den Sand. Bei dieser Art von Kopfschmerz rate ich zum Beispiel zur Psycho-Kinesiologie, weil ich damit sehr gute Erfahrungen gesammelt habe. Auch mit Patienten, die denken: »Mir zerspringt der Kopf.« Sie sind oftmals außerordentlich angespannt von dem selbst auferlegten Leistungsdruck, gestatten sich keine Fehler und wollen perfekt sein.

Erst kürzlich war eine junge Frau wegen permanenter Migräne-Attacken in meiner Praxis. Sie dachte, sie hätte ein Problem mit ihrer Mutter. Es stellte sich allerdings heraus, dass das Problem im Verhalten ihres Vaters lag. Das setzte ihr emotional so zu, dass sie regelmäßig heftige Kopfschmerzen bekam.

Zum Hintergrund: Ihr Vater hatte, als sie neun Jahre alt war, mit ihrer älteren Schwester ein Jahr kein Wort mehr gesprochen, weil diese vom Gymnasium auf die Realschule wechselte, ohne es mit ihm abgesprochen zu haben. Das beeindruckte meine Patientin so nachhaltig, dass sie von da an keine Fehler mehr machen wollte. Aus Angst, ihr Vater würde dann auch mit ihr kein Wort mehr sprechen, wenn sie etwas Verkehrtes machte. Weil – wie wir alle wissen – ein derartiger Vorsatz unmöglich zu halten ist, löste das einen starken Konflikt in ihr aus. Immer dann, wenn sie in grenzwertige Situationen geriet, reagierte sie mit Migräne darauf.

Als sie dieses Muster erkannte und nach den Vorgaben der Psycho-Kinesiologie umprogrammierte, löste sich etwas in ihr, wie sie mir unlängst in einem Brief mitteilte. In diesem schrieb sie: »Lieber Herr Dr. Kriegisch, kaum zu glauben, aber wahr. Ich habe seit vier Wochen keinen Migräneanfall mehr. In jedem Fall danke ich Ihnen von ganzem Herzen für Ihre unfassbar fixe und effektive Heilung!! Und hoffe, dass es so gut weitergeht, herzliche Sonnengrüße!«

In nur einer Sitzung lösten wir ihren Konflikt. Das kann bei psycho-emotionalen Verstrickungen häufig passieren. Wichtig ist, wenn ich etwas erkenne, dass ich danach auch handle und nicht wieder in mein altes Muster zurückfalle.

Liegt die Ursache allerdings tiefer, auf der geistigen Ebene, kann oftmals nur ein Außenstehender weiterhelfen: Der Betroffene ist innerlich oftmals so verhaftet, dass er nicht sieht, wo sein Weg und Ausweg aus dem hausgemachten Gedankengefängnis ist. In diesem Fall empfehle ich, ein Medium aufzusuchen, einen geistigen Heiler oder sich eine Auszeit im Kloster zu nehmen. Denn auch bei einem solchen Aufenthalt in der Stille können Themen aus tieferen Bewusstseinsschichten zutage treten.

Etwas anderes sind akute und vorübergehende Kopfschmerzen.

Kopfschmerzen können auch von Stirnhöhlenentzündung (Sinusitis) oder Halswirbelsäulenverschiebung ausgehen. Es kann aber auch mit einer Atlasblockade oder mit einer mechanischen Verschiebung zu tun haben, wobei wir auf der strukturellen Ebene sind. In diesem akuten Fall habe ich nichts dagegen, wenn zur Linderung auch mal eine Schmerztablette genommen wird. Zusätzlich muss die Ursache gefunden und behoben werden. Kopfschmerzen können auch Überlastung signalisieren: Wenn ich mich zum Beispiel überanstrengt habe durch zu viel Fahrradfahren oder Bergwandern. Indem ich ohne Trainingsplan und volle Pulle drauflos startete, statt die sportliche Aktivität langsam zu steigern. Auch dann können Kopfschmerzen auftreten.

Grundsätzlich geht es mir in diesem Kapitel um den chronischen Kopfschmerz. Der Betroffene wird in regelmäßigen Abständen, wöchentlich oder in anderen Rhythmen, von diesem geplagt. Am verbreitetsten sind hier die Hinterkopfschmerzen, ausgelöst durch Verspannungen.

Treten solche Beschwerden nur nachts oder morgens auf, sollten Sie auch mal Ihren Schlafplatz überprüfen lassen. Es kann nämlich sein, dass das Bett zum Beispiel auf einer energetisch, den Organismus belastenden Wasserader steht oder auf einem sogenannten Gitterkreuz.

Chronische Kopfschmerzen können allerdings auch auf der *regulativen* Ebene auftreten, wenn ein Zahn auf Eiter sitzt, Zähne wurzelbehandelt wurden oder Sie das Material eines Inlays nicht vertragen. Auch ein hormonelles Ungleichgewicht kann auf der regulativen Ebene Kopfschmerzen verschulden. Ein Indiz dafür ist, wenn die Beschwerden sich während Ihrer Periode oder des Eisprungs melden. In dem Fall gilt es, nicht nur eine Tablette einzuwerfen, sondern das Störfeld in Ordnung zu bringen: Das kann ein Knick im Eileiter sein, was sich zum Beispiel an den Fingern zeigt. Ist der Ringfinger (der Eierstockfinger) krumm, deutet das auf eine Störung im Bereich des Eierstocks hin. Ist das angezeigt, mache ich zwei Tage vor der Periode eine neuraltherapeutische Unterleibsbehandlung.

Es kann aber auch sein, dass die Schmerzen *psycho-emotionale* Gründe haben, dass der Betroffene sich zum Beispiel nicht genügend geliebt fühlt. Solche Kopfschmerzen haben oft mit dem Unterleibs- oder Magenmeridian zu tun. Welche Muster dahinter verborgen sind, können Sie auf Seite 202 zur »Psycho-Kinesiologie« nachlesen.

Bei Rückenschmerzen

Rückenschmerzen sind die häufigsten und kostenintensivsten Beschwerden. Ihre Behandlung kostet unser Gesundheitssystem 49 Milliarden Euro im Jahr, und bis zu 80 Prozent aller Deutschen haben damit zu kämpfen. 12,5 Prozent sogar mit schweren, in der Regel chronischen Rückenschmerzen. Sie werden operiert oder klassisch mit Physiotherapie, Spritzen, Tabletten und Wärme-/Kältebehandlungen sowie Massagen therapiert.

Dabei könnten viele wesentlich effizienter zum Ziel kommen: Treten Rückenschmerzen immer wieder etwa im Bereich des Ischiasnervs oder im Lendenwirbelbereich auf, ist nach meiner Erkenntnis bis zu 80 Prozent der Darm der Sündenbock.

Ich hatte einmal einen 30 Jahre alten Mann als Patienten. Er bekam einen Hexenschuss, als er ein Blatt Papier vom Boden aufhob. Das ist nicht normal, sagte ich mir. In diesem Alter rutscht einem nicht so einfach eine Bandscheibe raus! Die Natur hat es so eingerichtet, dass die Nerven und das Rückenmark sehr gut geschützt sind. Straffe Sehnen und Bänder, gute Muskulatur schützen die Wirbelsäule und auch die Bandscheiben. Das alles soll verhindern, dass genau so etwas passiert. Wie konnte ich ihm helfen?

Ich glaube, dass 80 Prozent der chronischen Rückenschmerzen von Entzündungen aus dem Bauchraum stammen. Denn: Was passiert, wenn Sie ein entzündetes Knie haben? Es wird heiß, schwillt an und beginnt zu schmerzen. Das sind die Entzündungszeichen. Was hat das nun mit dem Darm zu tun, werden Sie sich fragen. Bei Entzündungen im Darm haben wir keine oder nur kaum Schmerzen, gelegentlich vielleicht Probleme beim Stuhlgang. Bei jedem entzündeten Gewebe (wie beim Beispiel mit dem Knie) kommt es allerdings zu einer Schwellung und zur Einlagerung von Entzündungsflüssigkeit im umgebenden Gewebe. Stellen Sie sich vor, Ihr Darm ist entzündet und Sie ruhen sich im Bett aus oder schlafen, wo liegt Ihr Darm dann? Richtig! Auf der Wirbelsäule im Lendenwirbelbereich.

Da lagert sich nun Entzündungsflüssigkeit ein. Die Folge: Auch die Bänder und Sehnen in diesem Bereich werden aufgelockert. Die Bandscheiben können dadurch viel leichter aus ihrer sonst straffen Schutzstruktur herausrutschen. Selbst bei einer leichten Aufgabe wie dem Aufheben eines Blatts Papier. Deswegen ist bei chronischen Rückenbeschwerden immer auch der Darm zu behandeln, und die Ergebnisse, die ich damit erziele, geben mir recht. Denn erst dadurch werden immer wiederkehrende Rückenschmerzen nachhaltig geheilt.

Ursachen für Darmentzündungen sind häufig Pilzinfektionen, Schwermetallbelastungen oder Lebensmittelunverträglichkeiten.

Oftmals sehe ich bereits an der Haltung, ob ein Patient ein Problem mit seinem Darm hat. Etwa, wenn er zu einer Enten- oder einer Sämannshaltung neigt. Beide Kategorien wurden von dem österreichischen Arzt Franz Xaver Mayr (1875–1965), dem Erfinder der F.-X.-Mayr-Kur, festgelegt.

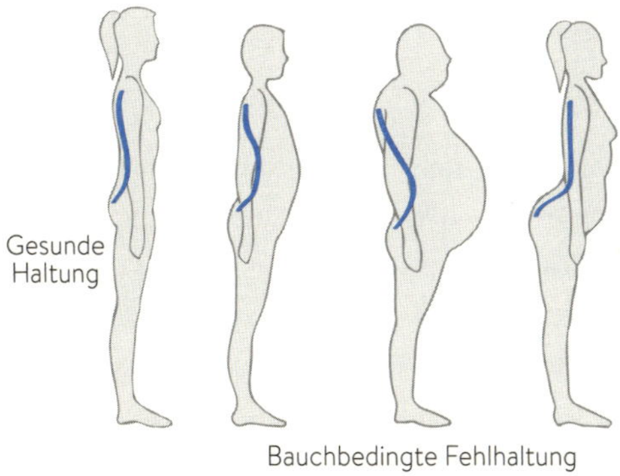

Bei diesen verschiedenen Haltungen versucht der Organismus, den entzündeten Darm während des Einatmens vor dem Zusammendrücken zu schützen, und vergrößert den Bauchraum. Das zieht dann sogar strukturelle Veränderungen an der Wirbelsäule nach sich. Je nach Haltung erhalte ich Hinweise auf das Mikrobiom und auf die Art der Darmproblematik. Hat jemand zum Beispiel viele Gas bildende Bakterien im Bauch, ist er ein sogenannter Großtrommelträger. Hat er einen sogenannten Sämannsbauch, neigt er zu Verstopfung, da seine Darmbeweglichkeit eingeschränkt ist.

Viele Frauen wundern sich über regelmäßig auftretende Rückenschmerzen, obwohl sie schlank sind und üblichen Schönheitsidealen entsprechen. Die Mayr-Diagnose erhellt ihr Problem: Sie ordnet ihnen die sogenannte Entenhaltung zu, welche auch wieder auf Darmprobleme hinweist. Bei diesen Frauen mit einem starken Hohlkreuz (Entenhaltung) braucht der Bauch wegen eines entzündeten Darms und der eingelagerten Entzündungsflüssigkeit Platz.

Wenn etwas mit Ihrer Verdauung nicht stimmt, gibt es einen guten Schnelltest:

1. Als Arzt kann man leicht anhand des Bauchmaßes feststellen, ob dieses normal ist oder nicht. Dazu – und das können Sie auch machen – legt man die rechte Handfläche so auf den Bauch, dass der gestreckte kleine Finger und das Grundgelenk des Daumens in einer Linie zwischen den oberen, vorderen Ecken der Beckenknochen liegen. Ist es möglich, mit dem Daumen und dem Zeigefinger die Rippenbogen zu erreichen, ist Ihr Bauchmaß normal. Meis-

tens ist da noch Platz für drei bis vier Finger. In diesem Fall deutet das eindeutig auf Probleme im Bauchraum hin.

2. Grundsätzlich sollten Sie das, was Sie am Vortag gegessen haben, am nächsten Tag wieder ausscheiden. Sonst entstehen Entzündungen und in der Folge oftmals Rückenschmerzen (mehr zur Verdauung, siehe auch Seite 229).
3. Treten Rückenschmerzen zum Beispiel nach zu viel Pressen beim Stuhlgang auf, ist das auch ein klares Zeichen dafür, dass Ihre Verdauung nicht in Ordnung ist.

Doch dies sind nur Indizien darauf, dass Ihr Darm Unterstützung braucht, aber wir wissen noch nicht, warum. Was ist die Ursache?

Früher habe ich ganz viele Rückenschmerzpatienten ausschließlich mit Neuraltherapie behandelt. Das hat in vielen Fällen sehr gut geholfen. Aber die Patienten kamen immer wieder. Immer wegen der gleichen Beschwerden. Erst seit mir die Zusammenhänge klar wurden, ich Nahrungsmittelunverträglichkeiten teste und den Darm saniere, gehören Rückenschmerzpatienten, die sonst alle vier Wochen in meine Hausarztpraxis zur Behandlung kamen, der Vergangenheit an.

Was könnte man verändern, und wie viel Geld stünde unserem Kassensystem zur Vorbeugung zur Verfügung, würde dieser Zusammenhang stärker beachtet?

Es kann aber auch sein, dass bei Rückenschmerzen psychoemotionale Ursachen dahinterstecken. Menschen, die nicht loslassen können oder es allen recht machen wollen. Sie leiden oftmals unter Verstopfung, und diese Verkrampfung der Darmmuskulatur führt langfristig auch zu einer Entzündung des Dickdarms, die auf den Rücken ausstrahlen kann. Was in einem solchen Fall zu tun ist, finden Sie unter Psycho-Kinesiologie auf Seite 55 genau beschrieben.

Sind geistige Verstrickungen auf der spirituellen Ebene zu klären, kann der Einzelne diese meist nicht selbst erkennen, sondern nur jemand von außen. Sagen Sie jemandem ganz offen, was sein neuralgisches Thema ist, kann er das selten akzeptieren. Ist er aber sensibilisiert, dass es eine geistige Ebene gibt, kann möglicherweise bereits ein Satz – wie auf Seite 66 beschrieben – eine Blockade lösen.

Um *akute* Schmerzen bei einer Chronifizierung einzudämmen, können Neuraltherapie oder Akupunktur helfen, den Schmerzkreislauf zu unterbrechen. Auch die Gabe des homöopathischen Mittels Gnaphalium Pentakran ebenso wie klassische Schmerzhemmer etwa Diclofenac oder Iboprofen. Allerdings nur ein oder zwei Tabletten. Auf keinen Fall sollte daraus eine Dauermedikation werden!

Chronische Rückenschmerzen gehen häufig auch auf eine fehlerhafte Haltung und damit auf ein leichtsinniges Abnutzen der Wirbelsäule zurück. Um dem vorzubauen, sollten Sie folgende Bewegungsmuster einüben, um strukturellen Rückenschmerzen vorzubeugen.

1. Aufstehen: Vermeiden Sie die sogenannte Klappmesser-Bewegung. Wenn Sie sich hinlegen, legen Sie sich immer zuerst auf die Seite und rollen Sie sich dann auf den Rücken. Beim Aufstehen sollten Sie sich ebenfalls über die Seite rollen und sich dann mit dem Arm hochdrücken. Wer das wirklich verinnerlicht

und eingeübt hat, der neigt viel seltener zu Reizungen am Ischiasnerv.

2. Bücken: Auch hier das Klappmesser vermeiden und sich über Knie und Hüfte beugen. Beugen Sie Ihr rechtes Knie und Ihre rechte Hüfte, wenn Sie mit der rechten Hand etwas aufheben wollen. Und umgekehrt auf der linken Seite.
3. Sit-ups beim sportlichen Work-out darf nur der machen, bei dem keine akute Bandscheibensymptomatik vorliegt.
4. Für Rücken und Hüfte: Um zu vermeiden, dass sich durch das Übereinanderschlagen der Beine oder durch eine falsche Belastung eine ungleich lange Beinstellung einschleicht, sollten Sie mit dieser Übung gegenarbeiten: Legen Sie nach jedem längeren Sitzen, bevor Sie aufstehen, die Hände unter den Po, dort, wo Sie die Sitzknochen spüren. Während des Aufstehens schieben Sie mit den Händen den Hintern hoch. Damit schieben Sie automatisch beide Hüften in die richtige Position. Das sollten Sie sich gerade nach längeren Autofahrten, bei denen Sie zusätzlich das Gaspedal einseitig durchdrücken, gönnen. Aber auch nach einem Büro-Marathon, einer Oper, einer Kinovorstellung! Diese Übung gleicht eine ungleiche Beinstellung im Handumdrehen aus und beugt strukturellen Schäden, Rücken- und Hüftschmerzen vor.

Im *Brustwirbelbereich* sind strukturelle und regulative Störungen ganz selten. Manchmal kann es beim sogenannten Herzwirbel (5. Brustwirbel) zu Verschiebungen des Wirbelgelenks kommen. Dazu mein Tipp: An die Kante des Türrahmens lehnen, sodass der Rahmen gegen die schmerzhafte Stelle drückt. Dann schieben Sie die Beine etwas von sich, um den Druck zu erhöhen und pendeln mit den Armen gegenläufig hin und her. Das kann oft schon helfen.

Im *Schulter-Halswirbel-Bereich* treten Schmerzen im strukturellen Bereich auf, wenn entweder das Atlasgelenk durch eine falsche Bewegung blockiert ist oder ein Halswirbel verschoben wurde. Regulativ haben Rückenschmerzen im Schulter-Halswirbel-Bereich oftmals mit Problemen im Zahn-Kiefer-Bereich zu tun, mit toten Zähnen, mit unterschiedlichen Metallen im Mund oder mit Entzündungen in den Nasennebenhöhlen.

Aber auch ein Magnesiummangel kann die Ursache sein oder dass man mit zu viel Kopfarbeit sein Gehirn überfordert. Ist der Zuckerspeicher leer, versetzt das den Körper in Alarmzustand. Die Folge: Wir greifen zu Süßigkeiten, Kaffee oder rauchen eine Zigarette, um das Defizit auszugleichen, und das kann auch zu Schmerzen im Halswirbelbereich führen.

Es kann aber auch mit den Augen zusammenhängen, dass die Dioptrienzahl nicht stimmt, und sollte von einem Augenarzt überprüft werden. Vielleicht liegt es in der Tat daran, dass Sie eine Brille oder stärkere Gläser brauchen?

Verspannungen der Muskulatur im Nackenbereich können auch auf Störungen im Leber-Gallen-System hindeuten, zum Beispiel auf einen stummen Gallenstein. Den spüren Sie nicht, weil er – wie das Wort sagt – stumm ist, keine Schmerzen verursacht und den Gallenfluss nur geringfügig behindert. Er kann aber trotzdem zu Entzündungen führen.

Sehr häufig sind diese muskulären Verspannungen aber die Ursache für andere Probleme – etwa ein Tennisellenbogen oder einschlafende Hände, bei denen oft ein Karpaltunnelsyndrom diagnostiziert und auch operiert wird, ohne dass es zu Verbesserungen kommt!

Die Gründe für diese Verspannungen können vielfältig sein: Eine falsche Sitzhaltung und eine einseitige Tätigkeit zum Beispiel durch viele Stunden am PC können der Auslöser auf der strukturellen Ebene sein.

Auf der regulativen Ebene sind oft Entzündungen im Zahn-Kiefer-Bereich verantwortlich. Aber auch gedankliche oder emotionale Last, die der Betroffene zu tragen hat und die als Verspannungen bis in den Schulter-Arm-Bereich ausstrahlen.

Als *akute* Behandlung rate ich zur Neuraltherapie und zur Akupunktur, um kurzfristig etwas gerade zu richten. Treten aber immer wieder die gleichen Beschwerden auf, sollte sich der Betroffene unbedingt auf die Suche nach dem Störfeld begeben. Möglicherweise steckt dahinter eine chronische Blinddarmentzündung.

Natürlich gibt es auch erworbene Schwachstellen: Wenn Sie als Journalistin Probleme mit der Halswirbelsäule bekommen, ist das oftmals Ihrem Job geschuldet. Die Journalistin oder Sekretärin könnte zur Entlastung mit einem Diktiergerät arbeiten und Dehnungsübungen für ihren Oberkörper in ihren Tagesablauf einbauen.

Um akute Probleme bei der Beweglichkeit in der Halswirbelsäule oder einen Tennisellenbogen auszugleichen, rate ich auch zu Thai-Massagen als Regulationstherapie oder sich einen

Therapeuten zu suchen, der die Dorn-Methode beherrscht. Der Körper zeigt geschulten Thai-Masseurinnen zum Beispiel die Triggerpunkte. Die bearbeiten sie dann mit ihrem Ellbogen und sorgen durch die Dehnung der knotigen Veränderungen, der sogenannten Gelosen, für Linderung.

Das geht im Übrigen auch mit Schröpfgläsern. Diese Gefäße aus Glas sind kugelförmig mit einer kreisrunden Öffnung und einem Durchmesser von drei bis sechs Zentimetern. Ich setze ihre Öffnung auf bestimmte Punkte der Haut: Dort, an diesen Triggerpunkten, regen sie mithilfe von Unterdruck – erzeugt durch Erhitzen oder Absaugen der Luft im Inneren der Kugeln – die Durchblutung an. Das lässt die Schmerzen abflauen und wirkt sich heilsam auf den Körper aus.

Doch Achtung: Einem athletischen Typ rate ich zur Thai-Massage. Für einen eher leptosomen Typ, das heißt, einen schlaksigen, zarten Typ, ist eine Schröpfmassage oder eine ayurvedische Ölmassage besser. Natürlich gibt es auch Mischtypen. Was für diese besser ist, sagt ihnen auch ihr Körper. Manche mögen kaltes, andere heißes Wasser: Ist es angenehm oder nicht? Das spürt jeder Einzelne am besten selbst und sollte sich entsprechend verhalten.

Kommen wir zur psycho-emotionalen Ebene, die vielfach Auslöser von Rückenschmerzen im Schulter-Halswirbel-Bereich sein kann: »Ich habe ein Joch zu tragen« oder »Ich habe eine tonnenschwere Last auf den Schultern« sind Glaubenssätze, die zu Rückenschmerzen führen, gespeist durch unbewältigte Ängste (Nieren-Blasen-Meridian) oder oftmals auch durch Wut und Selbstbestrafungsgefühle (Leber-Gallen-Meridian) aufgrund von Mobbing im Job oder von frühkindlichen Erlebnissen: »Geschieht mir recht, ich bin nicht gut genug«, sagen sich die Betroffenen dann. Und derartige Aussagen und Gedanken ziehen Situationen und Menschen fast magisch an, die sie mobben oder dominieren wollen. Daher ist es so wichtig, alte, einengende Glaubenssätze aufzulösen, weil sich damit nicht nur Rückenbeschwerden heilen lassen.

Bei Entzündungen

Viele Menschen plagen auch wiederkehrende Infektionen: Sinusitis zum Beispiel. Davon sprechen wir, wenn die Nasennebenhöhlen entzündet sind. Der häufigste Verursacher solcher und grundsätzlich fast aller immer wiederkehrenden Infektionen liegt in der Ernährung. Etwa, weil die Betroffenen zu viel Zucker zu sich nehmen. Gerade bei Kindern ist die Ursache von sogenannter Infektanfälligkeit bei bis zu 80 Prozent der Fälle in einer Ernährung mit zu viel raffiniertem Zucker zu suchen oder in einer Nahrungsmittelunverträglichkeit.

Es können aber auch alte, versteckte Störfelder dahinterstecken, wie eine Mandelnarbe oder Polypen. Ebenso hormonelle Dysfunktionen oder ein Mangel an Antioxidanzien.

Normalerweise verordnen Ärzte bei Entzündungen immer wieder Antibiotika. Die häufige Einnahme von Antibiotika verändert und schwächt im Lauf der Zeit das Immunsystem so stark, dass es deswegen zu neuen Entzündungen kommen kann.

Narben, die den Energiefluss unterbrechen können und somit die Neigung zu kalten Füßen hervorrufen, hatte ich schon erwähnt.

Es kann aber auch sein, dass der Patient nicht so sehr auf seine Gesundheit achtet und sich zum Beispiel im Winter nicht warm oder bei kalten Füßen keine Socken anzieht und so chronische Entzündungen herausfordert.

Normalerweise sollte der Mensch aus Schaden klug werden, aber manchmal will er das gar nicht erkennen, weil er eine Erkrankung als Gewinn sieht. Bei vielen Kindern ist das so, weil sich die Mama oder der Papa dann besonders um sie kümmern. Auch das gibt es natürlich zu beachten und zu überprüfen. Und man kann mit einem paradoxen Verhalten gegensteuern: Der Sohn, die Tochter müssen manchmal da durch, und wenn sie kein Fieber haben und »nur« Schnupfen oder einen dicken Hals, dann müssen sie in die Schule. Damit klar ist: Ich kann keinen Vorteil aus einer Krankheit ziehen. Das kriegen Kinder in der Regel ganz schnell mit.

Grundsätzlich signalisiert uns unser Körper durch Entzündungen: Hier ist etwas nicht im Lot! Immer wiederkehrende Entzündungen, die überall im Körper auftreten können, geben einen Hinweis auf ein Störfeld: Bei Sinusitis – wenn es nicht ein zu hoher Zuckerkonsum ist –, dass im Zahn-Kiefer-Bereich etwas nicht in Ordnung sein kann. Dass unterschiedliche Metalle in den Zahnfüllungen eingesetzt sind, dass ein toter Zahn, eine Spange oder Pilze im Darm die Entzündung hervorrufen oder eine Lebensmittelunverträglichkeit. Oder dass der Betroffene »die Nase voll hat« und auf der psycho-emotionalen Ebene ein Problem hat.

Bei Gelenkentzündungen (Arthritis) kann die Ursache eine Überlastung der Gelenke sein, etwa durch permanentes Hinknien bei einem Installateur.

Auch eine Nahrungsmittelunverträglichkeit ist denkbar, ein Störfeld an den Mandeln und alles, was das Mikrobiom verändert (Antirheumatika, Antibiotika, Cortison, zu viel Zucker).

Bei Hautentzündungen (Neurodermitis) kommen neben all diesen Ursachen oftmals ungelöste Konflikte auf der psycho-emotionalen Schiene dazu, weil die Betroffenen sich abgestoßen fühlen oder die Mutter häufig overprotective war.

Bei einer Zystitis, einer häufig auftretenden Blasenentzündung, liegt die Ursache bei vielen Frauen mitunter auch auf der psycho-emotionalen Ebene. Vor allem wenn sie nach dem Geschlechtsverkehr auftritt. Dann ist das nicht ein Bakterium, das diese Beschwerden auslöst, sondern oft ein unbewältigter Konflikt mit dem (Ehe-)Partner.

Bei Darmentzündungen (Enteritis) können oftmals auch ungelöste Probleme mit den Eltern dahinterstecken, die einem als Kind zu viel abverlangt haben. Deswegen versucht die erwachsene Frau, der erwachsene Mann, alles ganz genau zu machen, und ist nicht in der Lage loszulassen. Und genau das verursacht Stress, was in bestimmten Situationen in eine Verstopfung mündet.

Es können auch familiär erworbene Schwachstellen die Ursache sein. Bekam man zum Beispiel als Kind oder junger Erwachsener immer Durchfall, wenn man in Stress geriet, steckt da oft eine emotionale Geschichte dahinter.

Auch Magersucht hat immer eine psycho-emotionale Komponente, die mitbehandelt werden muss. Bei Bulimie oder Magersucht hat die Mutter oftmals ein Rollenverständnis auf ihr Kind übertragen, etwa indem sie auf die Männer schimpfte, weil sich zum Beispiel ihr Mann von ihr getrennt hat oder sie sich von ihm schlecht behandelt fühlte. Um dem zu entgehen, will das Mädchen keine weibliche Figur bekommen, damit Männer es nicht attraktiv finden. Bei Bulimie steckt dahinter: »Ich finde alles zum Kotzen, weil ich keine Anerkennung erfahren habe.«

Verstopfung kann anzeigen, dass Kinder zum Beispiel immer pünktlich um sechs ins Bett mussten. Wollen sie ausbrechen, haben sie auch als Erwachsene oft das Gefühl: Sie machen etwas falsch. Zusätzlich müssen sie anderen immer beweisen, dass sie alles besonders gut können. Dann beginnen Probleme mit dem Darm. Bei Dünndarmentzündungen steckt manchmal auch ein dunkles Geheimnis dahinter wie etwa sexueller Missbrauch.

Ist etwas in Ihrem Körper nicht im Lot, sendet er mit Entzündungen SOS. Unterdrücken Sie diesen Hilfeschrei und machen weiter wie bisher, kommt es zu einer Chronifizierung. Auch immer wiederkehrender Herpes im Beckenbereich zum Beispiel ist nur ein Zeichen dafür, dass Ihr Immunsystem nicht in Ordnung ist. Viele Frauen mit Herpes im Beckenbereich leiden unter hormonellen Dysbalancen. Oft treten diese Symptome nach den Wechseljahren auf. Die Sexualhormone sind nicht im Gleichgewicht, auch eine Nahrungsmittelunverträglichkeit kann dahinterstecken. Auf jeden Fall ist eine Behandlung mit Viren unterdrückenden Medikamenten – wie Aciclovir – nicht angezeigt: Die Immunschwäche wird dadurch nicht behoben, sondern sogar verstärkt.

Auch verklebte Faszien im Beckenbereich können die Ursache für immer wiederkehrenden Herpes sein. Faszien verkleben, wenn vorher eine Entzündung im Beckenbereich auftrat, auch nach der Geburt eines Kindes, wenn sich das Gewebe nicht mehr richtig straffen lässt. In diesem Fall kann der Besuch eines Osteopathen oft schon Wunder bewirken.

Um das Immunsystem gezielter anzuregen, helfen auch sogenannte Herpes-Nosoden. Das sind Arzneimittel, die aus dem Krankheitserreger (Herpesvirus) hergestellt werden und dem

Organismus in verdünnter und homöopathischer Form verabreicht werden, damit dieser seine Spezialpolizei schulen kann.

Bei Entzündungen ist der Ebenen-Test sehr wichtig, um nichts zu übersehen.

Schulmedizinisch werden Entzündungen, je nachdem, wie hoch der sogenannte CRP-Wert ist, mit einem Antibiotikum behandelt. Immer und immer wieder. Bleiben die Beschwerden bestehen und werden heftiger, wechselt man die Stoffgruppe, und der Patient erhält zusätzlich stärker unterdrückende Medikamente wie Cortison und Entzündungshemmer. Das kann bei chronischen Entzündungen aber nicht zielführend sein. Im Gegenteil. Es schädigt das Immunsystem und manifestiert die Anfälligkeit.

Hier rate ich dringend, das Milieu im Körper so zu verändern, dass er sich selbst wieder helfen kann. Und zwar folgendermaßen: Auf der regulativen Ebene gilt es bei chronischen Entzündungen mit Enzymen, Entsäuerung und einer mikrobiologischen Therapie anzusetzen und den Organismus wieder aufzurichten. Allein diese Maßnahme führt bei 60 Prozent aller Fälle zu einer deutlichen Verbesserung. Bei den anderen 40 Prozent der Patienten verbirgt sich die Lösung ihres Dilemmas hinter anderen Ursachen. Sehr häufig sind es psycho-emotionale Muster, die dann besonderer Aufmerksamkeit bedürfen.

Regelmäßig den Körper warten

Mein Tipp, nicht nur für Patienten, die an wiederkehrenden Entzündungen leiden, sondern weil es grundsätzlich reinigt: Man sollte seinen Körper wie einen Motor warten. Bitte verzeihen Sie mir den Vergleich mit einem Vehikel, aber er ist einfach sehr treffend, und eine Fastenkur hilft, das komplexe System Körper zu entgiften.

Fasten wird von zahlreichen Religionen praktiziert und kommt in vielfältigen Formen sowie in festgelegten Ritualen zum Tragen: zu bestimmten Jahreszeiten oder Zeitabschnitten, kollektiv oder individuell, als völliger oder teilweiser Verzicht auf Nahrungs- bzw. Genussmittel wie Fleisch, Alkohol, Sexualität und Ähnliches.

Kulturhistorisch stehen Fastenzeiten insbesondere im Frühling an, wo sie, als die Nahrung knapp wurde oder weil erste entgiftende Kräuter sprossen, in vielen Religionen im Jahreszeitenkalender stehen. Und durch ihre reinigende Kraft dienten sie der Gesundheit, was schon Hippokrates von Kos wusste, als er schrieb: »Sei mäßig in allem, atme reine Luft, treibe täglich Hautpflege und Körperübung ... und heile ein kleines Weh eher durch Fasten als durch Arznei.« Fasten reinigt nicht nur körperlich, sondern auch geistig und psychisch. Es ist wie ein Kundendienst in der Kfz-Werkstätte.

Ich habe vor 25 Jahren das Buch *Fit durch gesundes Fasten* geschrieben, weil ich damals bei chronischen Erkrankungen oft zu einer Fastenkur geraten habe, um zu sehen: Steht die Nahrungszufuhr im Zusammenhang mit dem Unwohlsein und vielleicht auch die Ruhe, die man sich in solchen Auszeiten schenkt. Um Anhaltspunkte zu erhalten, ob hinter den Beschwerden möglicherweise eine Nahrungsmittelunverträglichkeit steckt.

Heute nutze ich diese »Try and Error«-Methode nicht mehr, wenn ich glaube, es verbirgt sich eine Nahrungsmittelunverträglichkeit hinter einer Entzündung des Darms zum Beispiel. Das geht mit entsprechenden Labor-Tests und meiner

Erfahrung schneller. Grundsätzlich können allerdings alle, die an chronischen Entzündungen leiden, neben dem Fasten zu folgendem Universalmittel greifen. Ich nenne es aus diesem Grund auch die »Trias der Gesundheit«.

Mein Universalheilmittel oder Die Trias der Gesundheit

Jede Störung des Darms geht mit einer Veränderung der Darmflora einher. Sie setzt sich unter anderem aus einer Schutzflora von Milchsäurebakterien und Acidophilusbakterien zusammen. Diese sind elementar wichtig, um den Darm dichter zu machen, damit bei dem sogenannten Leaky-Gut-Syndrom – offene Stellen in der Darmschleimhaut – keine krank machenden Substanzen in den Körper gelangen.

Ich gebe hier immer *Symbiolact pur*, da dieses Präparat kein Gluten enthält. Ohne Untersuchung ist das der sichere Weg, mit dem jeder eine grundsätzliche Stärkung seiner Gesundheit bewirken kann.

Der nächste Pfeiler der Behandlung ist die Entsäuerung, da jede Entzündung Hand in Hand mit einer Übersäuerung des Gewebes geht. Aus diesem Grund verordne ich das in meiner Praxis bewährte Entsäuerungsmittel *Innova Balance*, eine Kombination aus Mineralstoffen, die dem Körper die Möglichkeit gibt, Basenpuffer zu bilden.

Durch die lebendigen Vorträge von Dr. Helmut Münch, dem Leiter der Medizinischen Enzymforschungsgesellschaft im bayerischen Grassau, ist mir die Bedeutung der Enzyme bei jeder Entzündung erst richtig bewusst geworden.

Bevor es zu chronischen Erkrankungen kommt, gibt es lange vorher die sogenannte *silent inflammation*. Wie das Wort schon sagt, spüren wir diese Entzündung oft gar nicht richtig.

Sie gibt uns allerdings das Gefühl des Unwohlseins oder meldet sich ab und zu mit entsprechenden Entzündungssymptomen.

Durch die Gabe unterdrückender Medikamente heizt man diesen Teufelskreis nur noch an: Denn die Symptomunterdrückung durch Medikamente und der natürliche Kampf des Organismus schaukeln sich immer mehr auf. Die Folge: Das Immunsystem dreht durch und gibt schließlich ermüdet klein bei. Die einzigen Stoffe, die hier helfen können, sind Enzyme: Sie stellen die alleinige Möglichkeit dar, die Eigenregulation wieder anzukurbeln.

Daher rate ich bei allen chronischen Erkrankungen zu folgender Therapie:
Täglich ein Beutel Symbiolact pur plus ein Beutel Innova Balance auf ein Glas Wasser und am besten zum Abendessen trinken. Außerdem morgens und abends je drei Tabletten Innovazym (Enzyme); bei Erkrankungen wie Krebs und anderen Tumoren verordne ich Innovazym CA.
Diese Mittel erhalten Sie normalerweise rezeptfrei in der Apotheke. Sie müssen die Behandlung aber mindestens drei Monate durchführen, um Ihrem Körper Zeit zur Reparatur zu geben.
(Siehe auch Kapitel 10, Seite 247)

Jede chronische Erkrankung geht mit Wassereinlagerung und oftmals auch mit Schmerzen einher. Die im Kasten oben beschriebene Maßnahme hilft, Schadstellen auszugleichen. Sie ist wie ein Sandsack, den ich neben einem Damm aufbaue, wenn ich sehe, dass dieser zu brechen droht. Oder die Löcher, die ich in seiner Mauer stopfe oder damit den Abfluss freier mache, sodass die Gefäße wieder besser durchblutet werden und die Sauerstoffversorgung sich verbessert.

Entsäuern, Mikrobiom stärken und Enzyme einnehmen – darunter verstehe ich die Trias der Gesundheit.

Mit der Trias der Gesundheit schaffe ich Freiraum und sorge dafür, dass sich Ihr Körper wieder erholen kann. Bei manchen reicht die Einnahme dieses Universal-Trios, weil ihr Körper auf diesem Weg Zeit gewinnt, sich neu zu organisieren. Denn die Idee ist immer: dem Organismus die Chance zu geben, sich selbst zu heilen. Indem ich Sandsäcke aufbaue und mit einem Kundendienst helfe, wieder Ordnung ins System zu bringen.

Als heilkundige Ärzte sollten wir herausfinden:
Was schürt die Entzündung?
In die Kategorie »Entzündungen« fällt auch die Zivilisationskrankheit Krebs. Schließlich: Was ist ein Tumor anderes, als die Manifestation einer nicht erkannten, über viele Jahre hinweg andauernden Gleichgewichtsstörung? Obwohl der Betroffene gespürt hat, dass etwas nicht in Ordnung ist.

Meine Mutter zum Beispiel hatte auf einer Wasserader geschlafen: Sie hatte immer über Rückenschmerzen geklagt, hatte Durchfall und Verstopfung. Heute ist mir vollkommen klar, was die

Ursache war. Hätte sie ihren Schlafplatz verändert und ihren Darm behandelt, wäre sie nicht an Dickdarmkrebs erkrankt. 30 Jahre habe ich gebraucht, um mir das Wissen über diese Zusammenhänge zu erwerben. Die Kombination der einzelnen Methoden – asiatische, naturheilkundliche und amerikanische Heilkunde – hilft, nachhaltiger zum Erfolg zu gelangen. Und mit dem Ebenen-Test erhalte ich Klarheit innerhalb der Vielschichtigkeit des Körpers, wo sich eine mögliche Ursache verbirgt.

Ich will hier keine Angst verbreiten, indem ich Ihnen sage, dass eine möglicherweise tödlich verlaufende Erkrankung aus einer chronischen resultiert. Und doch finde ich es sehr wichtig und verantwortungsbewusst, Sie auf diesen Zusammenhang hinzuweisen. Denn bereits viele Jahre vorher zeigt sich eine ernsthafte Erkrankung durch Befindlichkeitsstörungen, Syndrome und funkt SOS. Wer das erkennt, kann gegensteuern!

Zähne und Brücken: ein Krankheitsherd

Bei Brustkrebs finde ich häufig einen toten Zahn auf dem Magenmeridian. Das ist im Unterkiefer der vierte und fünfte Zahn und im Oberkiefer der sechste und siebte Zahn. Ein toter Zahn tut nicht mehr weh, kann also keine SOS-Signale funken. Er kann sich aber zu einem Störfeld aufbauen und im dazugehörigen Energiemeridian ständig Unruhe stiften. Der Körper versucht nun, die Störsignale zu beantworten, und wird irgendwann in dieser Arbeit ermüden. Das ist dann der Zeitpunkt, an dem sich Krankheiten manifestieren können, eben auch Krebs.

Natürlich ist nicht jeder wurzelbehandelte Zahn ein Störfeld, aber ich will nur darauf aufmerksam machen, dass es sein kann. Ist eine Krebserkrankung im dazugehörigen Meridian aufgetreten, rate ich in jedem Fall dazu, diese eventuelle Ursache zu beheben.

Unterleibskrebs (Prostata beim Mann oder Gebärmutter oder Blase bei der Frau) hat häufig mit den Schneidezähnen zu tun. Sind diese wegen eines Unfalls abgestorben, wurzelbehandelt oder zum Beispiel durch eine feststehende Brücke verpflockt, birgt das auf Dauer ein erhöhtes Risiko, an Krebs im Unterleib zu erkranken.

Ich hatte einen Patienten, der schon in jüngeren Jahren, mit Anfang 30, ständig Probleme mit seiner Prostata hatte. Das ist sehr ungewöhnlich in diesem Alter. Es beeinträchtigte sein Wohlergehen, ständig musste er auf die Toilette, mindestens sechsmal in der Nacht aufstehen.

Ich fand bei ihm eine feststehende Brücke über die beiden vorderen Schneidezähne, die ihm nach einem Unfall eingesetzt wurde. Diese Verpflockung verhinderte den Energiefluss von rechter und linker Hirnhälfte, indem es die Mikrobewegungen der kleinen Gesichtsknöchelchen im Bereich der Nasennebenhöhlen, die bei der Atmung abläuft, verhinderte. Ich machte den Patienten darauf aufmerksam, und er fand einen guten Zahntechniker, der ihm ein Geschiebe hinter diese Brücke baute. Danach waren seine Prostatabeschwerden wie weggeblasen. Dieses Beispiel zeigt die energetische Verbindung der Zähne zu den entsprechenden Organen deutlich an, und es ist meines Erachtens kein Hexenwerk, eine feststehende Brücke zu einer Brücke mit einem Geschiebe umzuändern, damit sich beim Atmen die Kiefer- und Gesichtsknöchelchen wieder bewegen. Geschieht das nicht, kann es zu einer energetischen Blockade kommen.

Natürlich sollten Sie auch vorbeugend auf solche Maßnahmen achten und Ihr Immunsystem durch die entsprechende Planung schützen.

Aber Sie sollten auch beachten: Bilden sich bei einer Krebserkrankung sogenannte Lokalrezidive – das sind Krebsgeschwüre an der ursprünglichen Stelle – und keine Metastasen, ist das für mich immer ein Zeichen, dass 1. ein Störfeld am Werk ist, 2. der entsprechende, betroffene Meridian Aufschluss geben kann, wo es zu lokalisieren ist, und 3., dass bei der klassischen Behandlung die Ursache nicht gefunden wurde.

Übrigens: 70 Prozent der Patientinnen, die ich mit Brustkrebs behandelt habe, hatten einen toten Zahn auf dem Magenmeridian. Ein derartiger Unruhestifter bei einer Krebserkrankung muss gezogen werden und die Lücke anderweitig, zum Beispiel mit einer Brücke oder einem Implantat (das vorher auf seine Verträglichkeit hin getestet wurde), ausgeglichen werden. Nicht jeder tote Zahn allerdings ist eine Gefahr. Doch: Liegt er auf einem Energiemeridian, der zu dem vom Krebs befallenen Organ gehört, muss er raus!

Es gibt aber auch, um das Thema Krebs hier abzuschließen, Kummerbrustkrebs-Patientinnen, bei denen der Partner tot oder fremdgegangen ist. Können sie ihren Kummer verarbeiten, kann sie das heilen, und es kommt zu keinem Rückfall.

Hinter Magenkrebs steckt oftmals auch ein psycho-emotionales Problem: »Mir liegt ein Stein im Magen«, sagen viele dann. Es kann aber auch eine Nahrungsmittelunverträglichkeit oder ein ungelöster Konflikt auf der geistigen Ebene sein. Dem muss man nachgehen, statt bei ersten Beschwerden PPI zu schlucken und damit das Risiko heraufzubeschwören, an Magenkrebs zu erkranken, weil die Ursache jahrelang unterdrückt wurde! Nein, man sollte systemisch nach der Nadel im Heuhaufen fahnden, die für das ursächliche Problem verantwortlich ist. Bei der Bekämpfung von schweren Erkrankungen sollte es nicht darum gehen, möglichst viel Geld zu machen – wie das bei einer Krebsbehandlung meines Erachtens der Fall ist –, sondern dem Krebs vorzubeugen. Doch ist es nicht erstaunlich, dass vor einem Fußballspiel 90 Prozent der Werbung Arzneimittel anpreisen? Die dafür werben, dass man nur die Pille XY einwerfen muss, die einen glücklich macht, regelmäßigen Stuhlgang verspricht und von Kopfschmerzen befreit.

Die Unterstützung des Immunsystems

Die Trias der Gesundheit kann jeder für sich anwenden, da kann man nichts verkehrt machen. Sie stärkt das Immunsystem. Immer. Zusätzlich lässt sich unsere Abwehr mit der Gabe entsprechender homöopathischer Globuli unterstützen.

Um Beschwerden auf der regulativen Ebene zu heilen, verabreiche ich Globuli mit Niedrigpotenzen. Gilt es auf der psychoemotionalen Ebene anzusetzen, arbeite ich mit Mittelpotenzen. Und für Themen auf der geistigen Schiene mit Hochpotenzen.

Homöopathische Mittel können die Epigenetik verändern, Enzyme an- und ausschalten und Stoffwechselvorgänge beeinflussen. Ich kann zum Beispiel bei Depression die Serotonin-Produktion durch homöopathische Mittel anregen und mit einer Hochpotenz dafür sorgen, dass sich ein gordischer Knoten im Kopf löst.

Ist das Regulationssystem in Ordnung, kann das wirken (mehr dazu unter »Ausnahmefälle …« in Kapitel 6, Seite 187), allerdings muss ich an der Stelle auch klarstellen, dass die Epigenetik noch nicht hinreichend entschlüsselt ist. Da ist in der Biologie und Medizin noch viel Raum für Forschung.

Gleichzeitig besteht die Tendenz, Ärzte abzuschaffen und sie beispielsweise gegen Selbstoptimierungs-Apps und Tests mit anschließender Auswertung der Blutdruck- und Pulswerte, der gesamten Blutwerte und von genetischen Parametern zu ersetzen, die eine Empfehlung für Nahrungsergänzungsmittel, Medikamente oder andere Check-ups geben.

Wird die Wirkungsweise der Epigenetik jedoch weiter entschlüsselt, gerät der Mensch und mit ihm der Heilkünstler wieder stärker in den Vordergrund. Davon bin ich felsenfest überzeugt.

Bei Nahrungsmittelunverträglichkeiten

Die Tendenz, dass manche Menschen bestimmte Lebensmittel nicht vertragen, nimmt immer mehr zu. Ob und wie sich diese Unverträglichkeit bemerkbar macht, zeigt sich an drei verschiedenen Reaktionen. Ich möchte Ihnen das am Beispiel der Glutenunverträglichkeit, auch Zöliakie genannt, verdeutlichen. Ein Prozent der deutschen Bevölkerung reagiert auf das Klebeeiweiß in Weizen, Roggen, Dinkel, Hafer und Gerste mit Müdigkeit, Erschöpfung bis hin zu chronischen Nasennebenhöhlenentzündungen, Depressionen oder Morbus Crohn. Dass dieses Phänomen sich verbreitet, liegt daran, dass, um die Ernährung der Weltbevölkerung zu gewährleisten, größere Getreidekörner gezüchtet wurden, die einen viel höheren Gluten-Anteil haben als das Urkorn. Zusätzlich ist die Anzahl der Gene in Gluten größer als bei uns Menschen. Daher verwundert es nicht, wenn die Verdauung eines so komplizierten Stoffes ein Problem für uns darstellen kann, wie Prof. Alessio Fasano, Gastroenterologe am Massachusetts General Hospital, herausgefunden hat. Wie bereits erwähnt haben wir verschiedene Immunsysteme: die Straßenpolizei, das sind die Immunglobulin IGG, die Kriminalpolizei, die Immunglobulin IGE, und dann haben wir noch die GSG 9, die Killerzellen (T-Zellen).

Drei Formen von Glutenunverträglichkeit

Die klassische Zöliakie ruft sehr schnell beim Essen von glutenhaltigem Getreide die Killerzellen (T-Zellen) auf den Plan. Diese Sondereinsatztruppe nimmt bei ihrem Einschreiten keine Rücksicht auf das Mobiliar des Körpers und zerstört die Darmschleimhaut. Diese radikale Form der Zöliakie manifestiert sich bereits im Kleinkindalter. Anhand der Symptome Kleinwüchsigkeit und Blähbauch wird sie relativ schnell diagnostiziert und kann durch eine Umstellung der Nahrung behoben werden.

Der zweite Typ ist das sogenannte Bäckerasthma. Es tritt beim Einatmen von Glutenstaub auf und sorgt dafür, dass die Kriminalpolizei ausrückt.

Die dritte Stufe tritt am häufigsten auf, es ist die IGG-induzierte Nahrungsmittelunverträglichkeit. Sie bringt einen nicht um, doch über viele Jahre hinweg verschleißt sie unsere Schutzpolizei und schwächt unser Immunsystem.

Bei allen chronischen Erkrankungen plädiere ich für einen IGG-induzierten Nahrungsmittelunverträglichkeitstest als Standarduntersuchung.

Ich konnte – indem ich solche Löcher im Staudamm der Gesundheit nachwies und meine Patienten daraufhin ihre Nahrung umstellten – sehr vielen Menschen helfen. Und: Es gibt nicht nur die Gluten-Sensitivität. Nein. Unverträglichkeiten können auch bei Milch, Eiern, Nüssen, Erdbeeren und vielem mehr auftreten. Die Auswirkungen werden oft erst zwei, drei Tage nach dem Verzehr eines bestimmten, den Körper in Alarm versetzenden Lebensmittels spürbar. Und kaum jemand bringt sie mit dem Essen in Verbindung. Wie auch?

Ich hatte einmal einen Mann als Patienten, dessen Frau verwies ihn des gemeinsamen Schlafzimmers, weil er so schnarchte und immer unter einer Nasennebenhöhlenentzündung litt. Ich fand heraus, dass er eine IGG-induzierte Glutenunverträglichkeit hatte, und riet ihm, alle Lebensmittel mit Gluten von seinem Speisezettel zu streichen. Das hatte zur Folge, dass er aufhörte zu schnarchen und wieder zurück ins gemeinsame Schlafzimmer durfte. Als er wenig später allerdings wieder die Mahlzeiten zu sich nahm, die ihm vor dieser Erkenntnis schmeckten, und er das gleiche Phänomen heraufbeschwor, stellte er seinen Nahrungsplan schnell wieder um. Ins Gästezimmer wollte er nicht mehr verbannt werden.

Auch einer 22 Jahre alten Frau aus Stuttgart konnte ich helfen. Wenn sie Brot aß, ließ das ihren Schenkelumfang um das Doppelte anschwellen. Um ihre Not zu kaschieren, trug sie beim Ausgehen die stärksten Strumpfhosen. Nur, zog sie diese abends aus, waren die Männer so verblüfft, dass keiner sich auf eine feste Bindung einließ. Ob aufgrund ihres erweiterten Schenkelumfangs oder weil sie sich dafür so schämte, sei dahingestellt. Tatsache ist, wir fanden heraus, dass sie unter einer Glutenunverträglichkeit litt. Sie stellte ihre Nahrung um und hat heute schlanke Beine und garantiert einen Freund, denn die Frau war bildhübsch.

Ein weiteres Beispiel: Ein befreundeter Patentanwalt war ein exzellenter Tennisspieler. Doch er bekam nach jedem Match Rückenschmerzen. Wie sich bei einem Check-up in meiner Praxis herausstellte, resultierten diese nicht davon, dass er sich falsch belastete. Nein, es lag an einer Nahrungsmittelunverträglichkeit. Sein Körper reagierte auf Eier allergisch. Und zum Frühstück, so sein morgendliches Ritual, liebte er ein gekochtes Ei. Seitdem er dieses morgens weglässt, spielt er Tennis wie ein junger Gott und schickt mir immer neue Patienten.

Meist sind es Grundnahrungsmittel wie Eier, Milchprodukte, Hefe, Getreide, die wir nicht oder nicht mehr vertragen. Und weil wir solche Lebensmittel mindestens jeden zweiten Tag essen, nimmt der Teufelskreis mit Müdigkeit & Co. immer stärker Fahrt auf – über Jahre und Jahrzehnte hinweg. Im Urlaub in Asien zum Beispiel, wo wir oft ohne Brot, Eier und Milchprodukte auskommen müssen, weil der exotische Speiseplan diese nicht vorsieht, ahnen viele zum ersten Mal, dass ihre

Beschwerden möglicherweise mit ihrer Ernährung zusammenhängen. Viele denken aber auch, sie fühlen sich wohler, weil sie im Urlaub sind und sich bei wunderbaren Temperaturen besonders gut entspannen.

Selbsttest: Vertrage ich manche Nahrungsmittel nicht?
Wer Magen-Darm-Probleme hat, sollte hellhörig werden bei:

* Verstopfung oder Durchfall
* Bauchschmerzen bei bestimmten Lebensmitteln
* sonstigen Verdauungsproblemen
* häufig breiigem Stuhlgang
* Blähungen oder Völlegefühl

All das sind Symptome, die bei Nahrungsmittelunverträglichkeiten eine Rolle spielen. Zusätzlich deuten immer wiederkehrende Rückenschmerzen auf Störungen im Darm hin.

Wenn Sie ganz sicher sein wollen, ob bei Ihnen eine Nahrungsmittelunverträglichkeit vorliegt, können Sie das zum Beispiel über das Institut für Mikroökologie mit dem Test »Imupro 300« oder mit dem »Kyber Plex 144« (über www.mikrooek.de) klären. Das sind in meinen Augen die besten Tests. Allerdings muss Ihr Hausarzt assistieren, weil Sie dazu circa 10 ml Blutserum benötigen.

Besser noch, Sie suchen einen Arzt auf, der darauf spezialisiert ist. Er kann die Ergebnisse für Sie besser interpretieren und Ihnen ein Rezeptbuch aushändigen. Schließlich müssen Sie wissen, welche Alternativen es für bestimmte Nahrungsmittel gibt, wenn einige für Sie hinterher möglicherweise passé sind.

Gleichzeitig müssen Sie Ihr Mikrobiom mit der Schutzflora verbessern. Je nach Sensibilität muss man das Immunsystem wieder langsam stärken, aber nicht überfordern. Dies geschieht mit Bakterien, die eine Immunwirkung haben. In meiner Praxis gebe ich Symbioflor I und Symbioflor II. Es gibt aber auch Präparate von Omniflora, Mutaflor oder Colibiogen. In einem weiteren Schritt lasse ich immer eine Autovaccine aus dem Stuhl herstellen, das sind Impfstoffe aus Stuhl und Kot, die über einen bestimmten Zeitraum, täglich gespritzt, auch die Toleranzbreite des Immunsystems stärken.

Helfen Sie mit, ein Leaky-Gut-Syndrom zu vermeiden
Nahrungsmittelunverträglichkeiten schwächen unsere Abwehr und können auch das sogenannte Leaky-Gut-Syndrom nähren. Wie der Name schon sagt, kommt es aufgrund von Entzündungen im Darm à la longue zu einer Schädigung der Darmschleimhaut, zu einer Undichtigkeit, die Allergien und Autoimmunerkrankungen nach sich ziehen kann: Ermüdet die körperliche Abwehr, wendet sie sich gegen körpereigenes Gewebe, begünstigt das Autoimmunerkrankungen wie Rheuma, Hashimoto, Depressionen oder Krebs. Diese Bedingtheit kann die Wurzel für fast alle schwerwiegenden Erkrankungen sein, je nachdem, wo der Einzelne seine Achillesferse hat.

Leider weisen die wenigsten Ärzte auf diesen Zusammenhang hin. Dabei wäre das Leaky-Gut-Syndrom gut therapierbar. Zum Beispiel mit einer Kombination aus Milchsäurebakterien und Acidophylusbakterien, die kleine Löcher in der Darmschleimhaut auf natürlichem Wege schließen.

Nicht Rheuma wird vererbt, sondern eine Disposition dafür. Wahrscheinlich ist es eher die Vererbung der Disposition für Nahrungsmittelunverträglichkeit.

Beginnen wir, unseren Ernährungsplan umzustellen und unverträgliche Lebensmittel zu vermeiden, ist das wie ein Urlaub für unseren Körper. Er kann sich erholen und sein Immunsystem regenerieren. Unterstützend sollte das Mikrobiom mit natürlichen Darmbakterien gepflegt werden. Allerdings gibt es immer einen – wir sprachen bereits darüber – *Point of no return*. Daher ist es wichtig, diesem Prozess in seinen Anfängen etwas entgegenzusetzen.

Auf Missstände weist unser Körper mit zwei verschiedenen Warnzeichen hin: mit überschießenden Immunreaktionen, ausgelöst durch Entzündungen. Werden diese nicht eingedämmt und läuft das Gesundheitsfass zu lange über, löst das Degenerationen wie Arthrose oder Krebs aus. Sie zeigen an: Der *Point of no return* ist nun wirklich oder ganz bald überschritten!

Deswegen werde ich nicht müde, Sie dafür zu sensibilisieren: Helfen Sie mit, wiederkehrende Beschwerden einzuordnen, damit sie erst gar nicht zu degenerativen Schäden führen können. Fragen Sie sich: »Was ist da? Was bringt mein Gleichgewicht aus dem Ruder?« Hinweise, wenn Sie nicht jetzt schon ein bisschen eine Idee erhalten haben, liefern Ihnen dazu vielleicht auch die Seiten 53 und 202. Dort habe ich versucht, eine einfache Ordnung verschiedener Typen und krank machender psycho-emotionaler Glaubenssätze, inspiriert durch die Traditionelle Chinesische Medizin, abzuleiten.

Bei Herzbeschwerden

Herzbeschwerden sind ein zentrales Anliegen vieler meiner Patienten. Sie suchen mich auf, weil sie mich im Internet oder in einem Fachbuch über *Strophanthin* als Experten gefunden haben.

Strophanthin ist ein natürliches Mittel, das die Herztätigkeit normalisieren und die Herzleistung verbessern kann. Doch Sie können sich sicherlich denken, dass ich nicht einfach nur *Strophanthin* verschreibe. Das widerstrebt mir, das ist gegen meine Philosophie, aber der Reihe nach.

Ich behandle die verschiedensten Formen koronarer Probleme, angefangen bei Tachykardie, in der Umgangssprache auch Herzrasen genannt, über Herzrhythmusstörungen, Herzinsuffizienzen bis hin zu Angina Pectoris. Das ist ein anfallsartiger Schmerz in der Brust, ausgelöst durch eine vorübergehende Durchblutungsstörung des Herzmuskels. Als Standardmedikation werden bei dieser meist mit einer koronaren Erkrankung einhergehenden Symptomatik Blutdrucksenker (Betablocker), Blutverdünner, Cholesterinsenker und Entwässerungstabletten verordnet.

Doch nimmt ein Mann Betablocker, kriegt er oftmals keine Erektion mehr. Das lässt viele von ihnen nach Alternativen suchen, und die erste Frage von neuen Patienten ist oftmals: »Können Sie mir nicht mit etwas Pflanzlichem helfen?« Ich erkläre dann, dass das nicht die Ursache seiner Probleme ist, sondern dass hinter jedem Symptom eine Frage nach dem Warum steckt.

Warum habe ich Herzprobleme? Dieser Frage geht der klassische Arzt meist nicht nach, stattdessen schreibt er automatisch ein Rezept aus. Dabei lösen bei Tachykardie oftmals unterschiedliche Metalle in den Zahnfüllungen oder an der Spange die Beschwerden aus. Wird dieses Störfeld nicht behoben, ändert sich auch die Symptomatik nicht, die uns hier auf der regulativen Ebene begegnen kann. Auch entzündete Weisheitszähne oder eine Verschiebung des fünften Brustwirbels können Herzprobleme begünstigen. Letzteres kann verursacht sein durch eine unglückliche Bewegung beim Tragen eines Kindes oder eines schweren Koffers oder durch einen Sportunfall. Was hilft: Die Wirbelsäule gerade richten zum Beispiel mit der Dorn-Methode.

Daneben leiden gerade Herzpatienten auf der psycho-emotionalen Ebene unter der sogenannten Herzangst. Sie krampfen sich leicht zusammen, trauen sich wenig zu und haben oftmals eine große Sehnsucht nach Liebe. Wird diese Angst nicht ausgeräumt, können solche Patienten noch so viele Mittel einnehmen: Es wird sich keine Besserung einstellen.

Chronische Entzündungen wie etwa eine Darmentzündung können auch zu Herzproblemen beitragen. Sie sorgen dafür, dass sich das Zwerchfell nicht mehr absenken kann. Nach und nach wird der Brustraum enger und drückt auf das Herz. Ist jemand übergewichtig, weil er sich nicht ausreichend bewegt, belastet das sein Herz zusätzlich: Seine Sauerstoffaufnahme ist viel zu gering und belastet somit die Herztätigkeit.

Die Schulmedizin versucht in diesen Fällen, mit Medikamenten einen Tunnel zu bauen und über diese Gefahrenstelle hinwegzuhelfen. Aber wirkliche Heilung kann ich nur erzielen, wenn ich die Ursache aufdecke und sie therapiere.

Ein Beispiel: Ein 80-jähriger Mann suchte mich wegen ständiger Schwindelgefühle und Unwohlsein auf. Ich fragte ihn, welche Medikamente er nehme. Er zählte 16 verschiedene Mittel auf, davon drei Blutverdünner und drei verschiedene Blutdrucksenker. Erstaunt fragte ich mich, warum senkt man seinen Blutdruck derart, dass er so neben der Kappe herumläuft?

Er erklärte mir, dass bei ihm Arteriosklerose diagnostiziert wurde, eine krankhafte Ablagerung von Kalk und Cholesterin an den Herzwandgefäßen. Das ist ein chronisch entzündlicher Prozess, der im Lauf des Lebens fortschreitet und zuerst zu einer Verengung der Blutgefäße führt und in der Folge durch Blutgerinnsel oder andere Thromben wie Fett oder Kalkabsonderungen zu einem Herzinfarkt oder Schlaganfall führen kann. Doch wenn Sie an einer Stelle des Körpers eine Verengung an einem Blutgefäß haben: Was muss Ihr Körper machen, damit die Blutversorgung auf der anderen Seite der Verengung weiterhin gegeben ist? Er braucht Druck, um Blut hindurchzupumpen. Wenn ich ihn aber mit drei Mitteln senke, sagt mir mein gesunder Menschenverstand: Das kann nicht zuträglich sein. Besser wäre in einem solchen Fall, klassisch Stents zu setzen oder einen Bypass zu legen, um diese Symptomatik auszugleichen. Allerdings nicht drei Medikamente für ein Symptom zu verordnen.

»Wie kam es dazu?«, hakte ich nach. Seine Begründung: Er ging zu drei verschiedenen Ärzten, und jeder von ihnen gab ihm ein anderes Medikament, weil Ärzte halt Mittel verschreiben. Ich empfahl ihm, erst mal nur einen Blutverdünner und einen Blutdrucksenker zu nehmen, und verabreichte ihm Strophanthin, um seine Herzkraft zu verbessern. Wie wir weiter verfahren, wird sich zeigen. Dieser Patient ist ein ganz typischer Fall, wie Menschen mit ihren Beschwerden behandelt werden. Warum? Weil viele Ärzte nur nach Werten schauen. Doch ein 80-Jähriger kann nicht den Blutdruck eines 40-Jährigen von 120 haben. Seine Gefäße sind altersbedingt nicht mehr so elastisch. Dieser Tatsache sollte ich Rechnung tragen und nicht einfach nur einem Wert gehorchen, der – um auf der sicheren medizinischen Seite zu bleiben – ein Durchschnittswert ist. Aus diesem Grund ist ein höherer Blutdruck bei älteren Patienten meines Erachtens völlig in Ordnung. Weil er mehr Lebensqualität schenkt und nicht – wie das vielfach bei dieser Standardmedikation der Fall ist – müdes Dasein.

Vielen Herzpatienten helfe ich auch an anderer Stelle weiter, weil ich mich traue, nicht nur *Strophanthin* zu spritzen, sondern versuche, ihnen wieder Lebensfreude zu geben. Dazu muss man den Mut haben, einen höheren Blutdruck als den medizinischen Durchschnittswert zu akzeptieren. Das heißt, nicht alles nur so weiterlaufen zu lassen und nur *Strophanthin* oder andere Herzmittel zu geben.

Nein, der Patient muss auch etwas dazu tun. Seine Ernährung umstellen. Auch sich mehr bewegen und guter Schlaf sind wichtige Faktoren. Als Arzt muss man speziell auf die Fließeigenschaft des Blutes achten, die man am Hämatokrit-

Wert ablesen kann. Welcher das für Frauen und für Männer konkret ist, siehe nachfolgender Kasten. Doch nicht nur ich, auch der Patient muss sich natürlich trauen. Zum Tango gehören bekanntlich zwei. Daher die Frage: Was ist wichtiger: Lasse ich mich von der Angst vor einem Blutgerinnsel oder einem erhöhten Blutdruck dominieren und akzeptiere ich deshalb Medikamente, die mich niederdrücken und mich oftmals nur noch wie in Trance durchs Leben wandeln lassen – oder gehe ich ein bisschen ins Risiko?

Sind meine Werte noch im grünen Bereich?

Der Hämatokrit-Wert gibt uns Auskunft darüber, ob unser Blut noch im Rahmen des Gesunden ist. Er zeigt die Fließfähigkeit des Blutes an und wird aus dem Verhältnis der Blutkörperchen und Blutplättchen im Gesamtblut ermittelt und in Prozentwert angegeben. Sinkt beispielsweise der Flüssigkeitsanteil des Blutes durch zu starkes Schwitzen, Durchfall oder mangelnde Flüssigkeitsaufnahme, steigt der Hämatokrit: Das Blut wird zähflüssiger und fließt langsamer. Die Gefahr von Thrombosen oder Schlaganfällen steigt.

Ein idealer Wert ist in meinen Augen:

> bei Frauen ein Hämatokrit-Wert zwischen 38 und 40 Prozent, egal welchen Alters
> bei Männern einer zwischen 40 und 42 Prozent

In diesem Spektrum sehe ich das Risiko eines Gehirnschlags normalerweise als gering an. Ich greife dann ein, wenn der Wert bei Frauen über 43 Prozent ist und bei Männern über 46 Prozent.

Bei älteren Menschen ist für mich auch ein Blutdruck zwischen 140 und 150 beim oberen Wert akzeptabel, der untere Wert sollte nicht über 95 sein. Ist der Patient beim Blutdruckmessen aufgeregt, steigt sein Blutdruck automatisch an. Auch das gilt es zu berücksichtigen.

Natürlich muss ich im akuten Stadium einen Blutdrucksenker verordnen, und wenn der Blutdruck ständig zu hoch ist, auch. Aber häufig leiden die Patienten unter schwankendem Blutdruck und regulieren sich oft selbst wieder auf Normalmaß. Warum sollen sie dann ständig ein Medikament nehmen?

Sie müssen angeleitet werden, ihre Eigenregulation zu verbessern, und zusammen müssen wir nach den Ursachen forschen.

Hier widerspreche ich der Richtlinienmedizin, die größtenteils von der Pharmaindustrie mit Sponsoring unterstützt wird. Sie wollen nur ihre Medikamente verkaufen. Und wenn ich ein starres System in den Menschen hineindrücke, hat das meines Erachtens nichts mehr mit Heilung zu tun.

Auch zu dickflüssiges Blut kann den Blutdruck ansteigen lassen. Warum? Zu viele Blutzellen schwimmen nicht mehr einzeln, sondern formiert wie Geldrollen herum und können nicht so leicht durch die kleinen Kapillaren zu den Zellen gelangen, um sie mit Sauerstoff zu versorgen. Aus diesem Grund erhöht der Körper automatisch den Druck, um sie durchzupressen.

Die Folge einer Sauerstoffverminderung in den Zellen ist: Es kommt zu Müdigkeit, gleichzeitig zu einer Übersäuerung, dann zu starrerer Gefäßmuskulatur, und alle diese Resultate können den Blutdruck weiter ansteigen lassen.

Blutverdünner machen das nicht wett: Sie verhindern nur Verklumpungen, machen das Blut aber nicht dünnflüssiger. Besser und effektiver hilft Herz- und Blutdruckpatienten ein Aderlass. Bei diesem Eingriff sollten Betroffene sich nicht mehr als 250 ml Blut abnehmen lassen. Gleichzeitig eine Infusion mit 250 ml physiologischer Kochsalzlösung einlaufen lassen, um das Volumen der Flüssigkeit aufrechtzuerhalten, aber den Zellgehalt zu reduzieren. Man schöpft damit den Rahm ab und regt den Körper nicht direkt an, neues Blut zu bilden: Das würde sich kontraproduktiv auswirken.

Bleibt man jedoch in dem eben erwähnten Toleranzbereich, kann man gänzlich auf Blutverdünner verzichten, und in meinen 30 Jahren Praxiserfahrung hatte ich als begleitender Arzt meiner Stammpatienten keinen einzigen Herzinfarkt zu beklagen.

Zusätzlich verordne ich den meisten Herzpatienten eine Entsäuerungstherapie (siehe Seite 165 und 242f.). Auch mit Ernährung können Sie etwas bewegen: Arteriosklerose zum Beispiel ist eine chronische Erkrankung, bei der sich unter anderem Kalk an den Blutgefäßen festsetzt. Das geschieht nur, wenn jemand permanent übersäuert ist. Mit viel weniger tierischem Eiweiß und einem Speiseplan, der grundsätzlich auf basische Lebensmittel Wert legt, lässt sich dieser Zustand eindämmen beziehungsweise ihm vorbeugen.

Und: Naturvölker kennen keine Arteriosklerose. Sie ist eine Zivilisationskrankheit und kann allein schon damit reduziert werden, dass wir weniger Süßes und weniger Fleisch essen, uns mehr bewegen – und weg vom Denken kommen: Ich werfe eine Tablette ein, und damit wird alles besser!

KAPITEL 6

Ausnahmefälle – Hochsensible und auf der regulativen Ebene Blockierte und Leistungssportler

Es gibt Patienten, deren Körper reagiert auf fast alles, und es gibt Menschen, deren Körper auf fast nichts reagiert. Solche Menschen können Sie mit einer Nadel piksen, und sie reagieren nicht einmal mit einem roten Hof um die Einstichstelle. Meistens sind solche Patienten auch sehr indolent, das bedeutet, sie spüren Schmerzen kaum. In einem solchen Fall liegt eine sogenannte Regulationsblockade vor: Der Körper dieser Menschen spürt Schmerz erst, wenn dieser sehr stark ist.

Reagiert jemand nur eingeschränkt auf Reize, ist es nicht leicht, ihn zu behandeln. Spricht er auf Reiztherapien so gut wie nicht an, ist es auch schwer, Störfelder zu lokalisieren. Häufig liegt das darin begründet, dass dieser Mensch seit Jahren von einem Störfeld in seinem Umfeld beeinflusst ist. Dadurch hat er eine Art sensitive »Hornhaut« ausgebildet, um sich irgendwie zu schützen.

Was können solche Störfaktoren sein? Etwa, dass dieser Mensch seit Jahren einem geopathologischen Störfeld oder Elektrosmog ausgesetzt ist. Hervorgerufen durch ein Umspannwerk oder einen Hochleitungsmast in der nahen Umgebung.

Um Hinweise auf solche Rahmenbedingungen zu erhalten, frage ich zum Beispiel: »Ist Ihr Zustand im Urlaub anders oder wenn Sie auf Reisen sind?« Ist dem so, kann es sein, dass solche Problematiken zugrunde liegen und auch, dass zum Beispiel das Bett zu Hause auf einer Wasserader oder einem Gitterkreuz, also einem geopathologischen Störfeld, steht. Das nehmen regulativ Blockierte nur als Unwohlsein wahr, während Hochsensible gerade auf geopathologische Störfelder extrem reagieren. Mit Kopf- und Rückenschmerzen oder mit Übelkeit.

Was ist Geopathologie?

Die Geopathologie beschäftigt sich mit der krank machenden Wirkung von Erdstrahlen auf den menschlichen Körper. Grundlage dieser Wissenschaft ist die Erkenntnis, dass sich der gesundheitsstörende Einfluss von Wasseradern, Erdspalten und Globalgitternetzen dann negativ auswirkt, wenn der Mensch regelmäßig und über einen längeren Zeitraum diesen Strahlungsfeldern ausgesetzt ist.

Grundsätzlich umgibt ein komplexes Netz aus Energiefeldern die Erde. Diese Energiefelder erzeugen zwischen Himmel und Erde ein gleichmäßiges Spannungsfeld, wir haben das Thema kurz bei der geistigen Ebene angerissen, als ich auf den *Genius Loci* einging. Unterirdische Wasseradern, Erdspalten, Erdverwerfungen und Globalgitternetze verursachen ihrerseits elektromagnetische Felder. Ihre unterschiedlichen Wellenlängen können zu Störzonen im Erdmagnetismus führen, der das biomagnetische Feld von Mensch, Tier und Pflanze beeinflusst.

Tiere und Pflanzen reagieren besonders empfindlich auf strahlenbelastete Zonen. Hunde zum Beispiel bleiben nie lange an einem Ort, der strahlenbelastet ist. Pferde und Rinder werden krank, wenn sie im Stall bestimmten Störzonen nicht ausweichen können. Auffallend ist jedoch, dass die Gifte der Tiere, die Strahlen lieben, wie Ameisen, Bienen oder Schlangen, besondere Heilmittel sind. Ameisensäure und Bienengift etwa lindern rheumatische Erkrankungen. Schlangengift entzündliche Erkrankungen.

Achtung, Elektrosmog!

Umspann-Stationen, Mobilfunk-Sendemasten, schnurlose (DECT-) Telefone, Handys, Mikrowellen, aber auch Wireless-LAN-Netze für Computer und Handhelds beeinträchtigen unsere Gesundheit. Uns umgibt Elektrosmog. Elektrosmog charakterisiert die künstlichen elektrischen und elektromagnetischen Felder, die uns wie Luft umgeben, wenn wir in der Nähe von Umspann-Stationen, Mobilfunk-Sendemasten und so weiter leben und arbeiten.

Warum werden wir durch Strahlung krank?

Melatonin ist ein sehr wichtiges Hormon zur Steuerung unseres Immunsystems. Dieser Stoff wird zum größten Teil nachts von der Zirbeldrüse produziert. Er regelt den Biorhythmus und schützt unsere Zellen vor freien Radikalen.

Unter dem Einfluss von Störzonen wird die Funktion der Zirbeldrüse empfindlich gestört, Melatonin nur noch eingeschränkt gebildet. Das schwächt das Immunsystem. Werden die Störzonen nicht als Ursache für die geschwächte Abwehr erkannt, können sich aus anfänglich harmlosen Beschwerden kapitale Krankheiten entwickeln.

Stelle ich als ärztlicher Heilkünstler fest, dass die Kopf- oder Rückenschmerzen möglicherwiese von einem Strahlenfeld rühren, empfehle ich eine Standortuntersuchung (zum Beispiel des Schlafplatzes). Diese führt ein Geopathologe durch: Mit zwei unterschiedlichen Mess- und Analysemethoden misst er die Erdstrahlen (man kann sie nicht beseitigen, nur umlenken) und den Elektrosmog (kann man umleiten und abschalten).

Früher habe auch ich in den Wohnungen meiner Patienten solche Messungen vorgenommen. Als ich jedoch merkte, dass ich negative Strahlung von Störfeldern auch in meiner Freizeit wahrnahm, zum Beispiel in einem Lokal, wo mir sprichwörtlich die Haare zu Berge standen, habe ich damit aufgehört. Als Schutz, um nicht krank zu werden.

Sollten Sie, wenn Sie diese Zeilen lesen, das Gefühl haben, dass eine Wasserader Ihren Organismus beeinträchtigt, können Sie ja einfach mal Ihr Bett um 30 Zentimeter verschieben. Nützt das nichts, sollten Sie einen Geopathologen beauftragen. Adressen gibt es über den Berufsfachverband der Geopathologen: www.geopathologen.de. Diese Experten können Ihnen konkret sagen, wo genau Ihr Bett aufgestellt werden sollte.

Manchmal ist es nötig, sich auch eine andere Wohnung zu suchen. Ich habe am eigenen Leib erfahren, was eine geopathologische Störzone bewirken kann.

Als wir in unsere Wohnung gezogen sind, bin ich nach einigen Wochen jeden Morgen mit einem steifen Hals aufgewacht. Zuerst dachte ich immer, ich bekomme Zug durch das offene Fenster. Nach einiger Zeit bat ich meine Frau, mit mir die Seite des Bettes zu tauschen. Tatsächlich waren meine morgendlichen Halswirbelsäulenbeschwerden nach einigen Tagen wie weggeblasen.

Nach einigen Wochen wachte meine Frau aber immer mit Kopfschmerzen auf. Der Grund war – wie ich später bei einer Testung feststellte – eine Doppelgitterkreuzung.

Wir konnten in dem Zimmer das Bett um 30 Zentimeter verschieben, damit keiner von uns nachts dieser negativen Energie ausgesetzt ist. Und seither gehören diese morgendlichen Beschwerden für mich und meine Frau der Vergangenheit an.

Negative Strahlung kann bei chronischen Erkrankungen eine Ursache sein, die man auch berücksichtigen muss. Wir schlafen täglich acht bis neun Stunden. Eine negative Strahlung verhindert den Regenerationsprozess, der Organismus kommt nicht zur Ruhe, das hat Auswirkungen auf die Hormonproduktion, die Verdauung und vieles mehr.

Nicht umsonst warnte bereits der bekannte Arzt Dr. Ferdinand Sauerbruch (1875–1951): »Legen Sie sich nicht in dasselbe Bett.« Mit diesen Worten entließ er seine Patienten nach einer Krebsoperation nach Hause. Mit einer hohen Wahrscheinlichkeit kann es dann passieren, dass einem das gleiche Schicksal widerfährt, auch wenn man nicht an Erdstrahlen glaubt.

Störzonen und ihre Auswirkungen

Wasseradern (unterirdische Wasserläufe)
* Kopfschmerzen
* Verkrampfungen
* permanente Müdigkeit

Erdspalten und Gesteinsbrüche
* Angstzustände
* Hautkrankheiten

* Nervenleiden
* Neuralgien

Verwerfungen
* Unerklärliche Streitsucht
* Gereiztheit
* Missmut
* Depressionen

Curry-Gitter (Netzsystem von Strahlenzonen)
* Schilddrüsenerkrankungen
* Nierenleiden
* Lähmungen
* Diabetes
* Zysten
* Krämpfe

Zehn-Meter-Gitter (Überlagerung = strahlenintensiv)
* Störungen des Immunsystems
* Krebsanfälligkeit

Fingerspitzengefühl und Ausdauer für Hochsensible

Nach diesem Ausflug in die Geopathologie möchte ich noch stärker auf die Gruppe der Hochsensiblen eingehen. Sie reagieren nicht nur sehr stark auf geopathologische Störfelder, ihr Körper geht mit allem in Resonanz. Sie können nicht mehr richtig atmen, wenn sie nur einen Bauern beim Spritzen seiner Apfelbäume sehen, bekommen auf bestimmte Farben im Raum Kopfschmerzen oder auf dem Oktoberfest Herpes an der Lippe, weil sie davon überzeugt sind, die Krüge werden nicht sauber ausgespült.

Es gibt auch Menschen, deren Körper allein schon auf flüchtige Chemikalien antwortet – wie Duftstoffe, Zigarettenrauch oder Lösungsmittel – und mit entsprechenden vegetativen Symptomen wie Asthmaanfällen, Schweißausbrüchen, Niesen, Hautausschlägen, Panikattacken, Durchfällen, Reizblase reagiert. Über die Entgiftungsorgane (Lunge, Haut, Darm, Blase) signalisiert der Körper, dass ihm im Moment irgendetwas zu viel ist. Im Volksmund heißt es auch: »Ich könnte aus der Haut fahren«, »Es nimmt mir den Atem«, »Ich könnte kotzen«, »Darauf sch… ich«.

Im Fachjargon nennt sich dieses Phänomen *Multiple Chemical Sensitivity* (MCS). Betroffene werden schnell krank, weil sie sowohl auf der regulativen als auch auf der psychisch-emotionalen Ebene keinen Schutzwall haben.

Ungefiltert lassen sie alle Reize in ihr System – egal, ob das chemische oder farbliche Reize sind oder auch nur Gedanken und Worte, die sie auf Leuchtreklamen oder Plakaten lesen. Sie zu behandeln ist eine Herausforderung! Weil man auf der regulativen, geistigen und auf der psychisch-emotionalen Schiene einen natürlichen Schutzwall aufbauen muss, und das ist sehr schwer.

Viele dieser Patienten werden von der Schulmedizin mit unterdrückenden Methoden behandelt, weil ihr Körper auf ganz viele Reize überschießend reagiert. Sofort löst er eine

Kaskade an Reaktionen auf allen Ebenen aus: Gefühls- und Schweißausbrüche, häufig in Kombination mit Entzündungs- und Abwehrreaktionen. Das versucht die Medizin etwa mit der Gabe von Ritalin oder Cortison zu unterbinden: Cortison ist eines der beliebtesten Mittel zur Unterdrückung von Schmerzen, Ausschlägen und Entzündungen. Doch es kann nicht die Lösung sein!

Je weiter ein Patient an die Enden der gaußschen Normalverteilung kommt, desto häufiger wird Cortison den Reaktionsblockierten und Hochsensiblen verschrieben. Das sind oftmals die ganz Dicken, die auf nichts mehr reagieren, und die ganz Hageren, die bereits ein Windhauch umwirft, verallgemeinert ausgedrückt.

Für Hochsensible ist es sehr schwer, eine natürliche Abwehrkraft aufzubauen, weil sie auf alles reagieren, und Abwehrkraft hat nun mal damit zu tun, dass ich mich Reizen aussetze. Wenn ich sofort mit multiplen Reaktionen antworte, muss ich den Körper zeitweise in einen Ruhezustand versetzen, sonst findet er nicht die Möglichkeit, sich zu regenerieren.

Doch: Die Komplementärmedizin arbeitet mit Reiztherapien. Wie der Name schon sagt, sind das Methoden, die den Körper mit Reizen behandeln (zum Beispiel mit natürlichen Bakterien, mit Nadeln, Wärme/Kälte und so weiter). Ein kleinster Reiz reicht allerdings schon, um bei Hochsensiblen kettenartige Reaktionen hervorzurufen. Weil sie keine Toleranzgrenze haben.

Solchen Menschen wurde in jungen Jahren oftmals vieles abgenommen, ein Nein gab es in ihrer Erziehung nicht, und Spielen im Dreck war nicht vorgesehen. Auch geistig haben sich solche Menschen selten mit sich selbst beschäftigt, um herauszufinden, was für sie gut, was schlecht ist. Die meisten denken, das Leben und auch Beziehungen müssten wie ein Hollywood-Movie ablaufen – leichtfüßig und freudestrahlend.

Will ich eine Stärkung ihrer Gesundheit erzielen, muss ich herausfinden, auf welcher Ebene die Störung liegt, um dort vorsichtig anzusetzen. Mikrobiologisch kann ich nur mit Prosymbioflor oder Colibiogen starten, bis ihr Darm nach einigen Wochen oder Monaten lernt, überhaupt wieder Reizstoffe zu ertragen. Es geht darum, ihre Frustrationstoleranz zu schulen und dass sie anerkennen, dass es im Leben nicht nur Hochs, sondern auch Tiefs – positive und negative Einflüsse – gibt.

Ich muss ihre Abwehr schulen und gleichzeitig Reize von ihnen fernhalten. Das ist ein langwieriger Prozess, der nicht immer von Erfolg gekrönt ist, weil viele Leute es nicht durchhalten. Sie können sich das wie bei einer Auswilderung von Tieren vorstellen. Das ist ein guter Vergleich. Ich habe das mal in einem Orang-Utan-Camp in Borneo erlebt, wie unglaublich schwer es ist, in Gefangenschaft groß gewordene Orang-Utans auszuwildern. Viele kommen zurück, weil es leichter ist, an ihrem angestammten Fressplatz nach Futter zu suchen als in der freien Wildbahn. Parallelen sehe ich auch bei Hypersensiblen und chronischen Erkrankungen.

Viele greifen irgendwann doch wieder auf die Cortison-Tablette zurück oder beginnen, obwohl sie wissen, dass sie ihren Zuckerkonsum einschränken sollten, Süßes zu essen.

Es erfordert viel Disziplin, aber auch für sie ist Heilung möglich! Hat jemand Flugangst, um ein einfaches Beispiel zu nehmen, muss er ganz langsam beginnen, das Verkrampfen beim Einsteigen ins Flugzeug abzubauen. Die Muskelentspannung nach Jacobson (siehe Seite 222) ist da ein gutes Mittel.

Gerät das Flugzeug in Turbulenzen, hilft die Methode, bei fortgeschrittenem Training auch Panikattacken abzuwehren.

Allerdings kommt erschwerend hinzu:

Je älter wir werden, desto schwieriger ist diese »Umerziehung«.

Mit einem Alter von 25 Jahren fängt der Körper an, auf der regulativen Seite abzubauen. Gleichzeitig schleifen sich im Lauf des Lebens alte Muster, Glaubenssätze und schlechte Angewohnheiten immer stärker im Bewusstsein ein. Das macht psycho-emotionale und auch geistige Verhaltensänderungen schon mal langwieriger. Unterm Strich bedeutet das, dass wir starrer werden.

Leistungssport, ein Ironman für den Körper

Unser Körper ist darauf ausgerichtet, im selben Zustand zu bleiben, um nicht ständig Energie aufbringen zu müssen, um die Balance zu halten. Hochleistungssport ist nicht nur körperlich ein Kraftakt, sondern er belastet auch unser Immunsystem enorm. Das gilt für Sport-Profis, aber auch für Freizeit-Triathleten und Marathonläufer.

Für den Organismus ist das kein gesundes Verhalten. Es versetzt ihn in einen Alarm- und Ausnahmezustand. Das heißt nicht, dass ich gegen Sport bin, denn jedes Training verbessert die Toleranzbreite. Doch: Das Training muss systematisch aufgebaut werden, und es gilt, auf die Warnsignale des Körpers zu achten. Zum Beispiel auf Infektanfälligkeit, wiederkehrende muskuläre Probleme oder Durchfälle wegen Elektrolytverlusten.

Natürlich ist Leistungssport ein Kick, eine tolle Selbstbestätigung, doch – und das wissen die wenigsten – auch eine Riesenbelastung.

Die Ausgewogenheit zwischen Psyche, Geist und Körper ist die Struktur, die im Gleichgewicht sein muss.

Das sollten Sportler sich bewusst machen und auch, ob der einzelne Wettkampf, der Kick, ihnen wichtiger ist als das Knie, das hinterher kaputt ist, weil man schon im Training immer wieder Knieschmerzen hatte.

Soll man darauf hören und pausieren oder zum Arzt gehen, um sich eben mal spritzen zu lassen, damit man antreten kann? Das muss jeder mit sich selbst ausmachen. Das ist eine schwerwiegende Entscheidung vor einem Wettkampf, weil man ja lange darauf hintrainiert hat.

Doch gerade bei solch sportlichen Erfolgserlebnissen ebbt der Kick meist nach einigen Interviews und innerhalb weniger Tage schnell wieder ab. Die wenigsten sind Ausnahmekönner, die es bis ganz nach oben in den Sportolymp schaffen.

Grundsätzlich überanstrengt man bei jedem Wettkampf, der auf Höchstleistung ausgerichtet ist, die Muskeln und Sehnen, es kommt zu einem Defizit an Elektrolyten und Vitaminen, psychisch gilt es, einen Erfolg oder Misserfolg zu verarbeiten und möglicherweise mit alten Mustern umzugehen. Etwa, dass man mit der Extremleistung seinem Vater beweisen wollte, dass man auch etwas taugt. Deswegen treibt einen der

Gedanke, zu siegen und das nächste Ziel zu erreichen, derart an, dass es einem egal ist, ob man damit seine Gesundheit nachhaltig oder seine weitere Rolle im Leben aufs Spiel setzt. Ohne Rücksicht auf Verluste.

Sportmedizinern ist das alles klar. Sie unterstützen ihre Sportler hervorragend, zusätzlich raten sie möglicherweise auch, einen Coach zu konsultieren. Freizeitsportlern dagegen, die neben ihrem Beruf ihre Ambition oft zu stark ausleben, ist diese Tatsache häufig nicht bewusst, und sie haben meist auch keine Unterstützung in dieser Richtung.

Menschen, die lange erfolgreich sind, können diese Phalanx in Balance halten wie zum Beispiel der Fußballprofi Philipp Lahm. Über Jahre hinweg hat er ohne große Verletzungen gespielt. Er scheint, nicht nur körperlich, sondern auch geistig und psychisch fit zu sein. Und wirkt selbstbestimmt, als er sich entschieden hat, in der Nationalmannschaft und bei Bayern aufzuhören. Er kennt seine Grenzen und lässt sich nicht von außen beeinflussen.

Für mich ist er einer der wenigen Ausnahmespieler, die es als Sportler im Hochleistungsbereich geschafft haben, ihren Wasserstandspegel in einem gesunden Bereich zu halten. Die wenigsten Sportler wissen, wann sie aufhören sollten.

Viele Fußballstars sitzen am Ende oftmals auf der Ersatzbank, nehmen Drogen, trinken oder verspielen ihr ganzes Geld. Weil sie die einzige Selbstbestätigung über den Sport und damit über die Zuwendung des Publikums ziehen und nicht an die Stärke ihrer eigenen Person glauben. Sie haben nicht gelernt, dass der Mensch nicht nur aus einem Teilbereich besteht, sondern auch Fähigkeiten auf anderen Gebieten haben kann.

Man kann auch bewusst entscheiden – so wie Claudio Pizzaro –, sich als Ersatzspieler zufriedenzugeben, weil man einfach ein schönes Leben führen will, und nicht frustriert darüber zu sein, dass man nur mehr Backup-Spieler ist, obwohl man früher ein gefeierter Torjäger war. Ihm macht der Sport an sich Spaß und nicht der Status. Wichtig ist, authentisch zu sein, und das ist individuell verschieden. Jeder von uns hat sein Bewusstsein und seine Handlungsweise, und wenn wir uns treu sind, stellt uns auch niemand infrage.

KAPITEL 7

Typisierungen helfen bei der Selbsteinschätzung

Damit auch Sie stärker auf sich und Ihre gesundheitlichen Besonderheiten achten können, rate ich zu Selbsterkenntnis. Sie hilft, die eigene Gesundheit klarer im Blick zu behalten. Wenn Sie wissen, wo sich Ihre neuralgischen Punkte befinden, können Sie mit diesen besser umgehen. Deswegen hatte ich Ihnen auf den Seiten 107–134 den Frageboden vorgestellt mit dem Tipp, diesen in einer ruhigen Minute auszufüllen. Er gibt Ihnen interessante Hinweise auf mögliche Störfelder.

Zusätzlich möchte ich Ihnen eine Typisierung aus der Psycho-Kinesiologie vorstellen (entnommen aus Dietrich Klinghardts *Lehrbuch der Psycho-Kinesiologie*). Sie kann Sie auf Denk- und Verhaltensmuster hinweisen, mit denen Sie in Zukunft anders umgehen können und die den wenigsten wirklich bewusst sind. Ein Experte kann dann dabei helfen, ungelöste Konflikte zu entkoppeln und alte Verhaltensmuster zu verändern.

Die sechs Typen und ihre psychologischen Entsprechungen

1. Der Blasen-Nieren-Typ

Niere
Angst
Schuldgefühle, machtlos, demoralisiert, egoistisch, enttäuscht, brutal und ohne Mitleid, erschrocken, betroffen, »Es geht mir an die Nieren«

Geschlechtsorgane/Blase
sich schämen
gelähmter Wille, unerfüllte Liebessehnsucht, sich verletzt fühlen, Ungeduld, Selbstmitleid, Angst, auf eigenen Füßen zu stehen

2. Der Leber-Galle-Typ

Leber
Wut
Ärger, Unzufriedenheit, Handlungsunfähigkeit, mangelnde Anerkennung, sich übergangen fühlen, nörgeln, unnachgiebig, Selbst-Hass, Verzweiflung

Gallenblase
Ablehnung
verbittert, andere verurteilen, Selbstmitleid, sich zweitrangig fühlen, nachtragend, entscheidungsunfähig, unfähig, für sich selbst einzustehen, Opferhaltung, manipulierend, falscher Stolz

3. Der Herz-Dünndarm-Typ

Dünndarm
sich verloren und einsam fühlen
verlassen, verstoßen, vernachlässigt, Mangel an Geborgenheit, Nähe, mütterliche Wärme, Kontakt, Unsicherheit, Liebesentzug, dunkles Geheimnis

emotionelles Herz
plötzlicher Schock
gebrochenes Vertrauen, enttäuschte Liebe, Liebessehnsucht, keine Selbstliebe, Verletztheit, vorenthaltene Liebe, nicht liebenswert, Traurigkeit

4. Der Lunge-Dickdarm-Typ

Lunge
chronischer Kummer
Trauer, Sehnsucht, keine Lebenslust, unfrei, enttäuscht, verzweifelt, nicht bewältigte Trennung, »Ich gehöre hier nicht her«, »Alles ist verboten«, keine Daseinsberechtigung

Dickdarm
dogmatisches Denken
perfektionistisch, überkritisch, kontrollierend, zwanghaft, pedantisch, zynisch, geizig, nicht loslassen können, besitzergreifend

5. Der Herz-Schilddrüsen-Typ

physisches Herz
Freudlosigkeit
Furcht vor Freude, Hartherzigkeit, sich ausgenutzt fühlen, Selbstschutz, eingeengt, ideenlos, bürokratisch, stur und unnachgiebig, Geld- und Machtgier verleugnend

Schilddrüse
Erniedrigung
Unentschlossenheit, sich von anderen ausgeschlossen fühlen, »Nie ich!«, gehemmt sein, aufgeben, anschuldigend, kein Recht auf Selbstausdruck und Erfolg, »Keiner hört mir zu«, ohne Hoffnung

6. Der Milz-Magen-Typ

Milz/Pankreas
niedriges Selbstwertgefühl
Selbstbestrafung, abhängig, überbesorgt, leben durch andere, »Bin nicht gut genug«, sich nicht abgrenzen können, sich abgelehnt fühlen, sich nicht trennen können

Magen
nicht mögen
machtlos, gebrochener Wille, überlastet, überfordert, Groll, Hass, lustlos, Abneigung, Besessenheit, etwas nie verarbeiten (»verdauen«) können, »Etwas liegt mir im Magen«

Übrigens: Man kann Läuse und Flöhe haben, wie ich gerne mal sage, um auszudrücken, dass man – und das ist bei den meisten meiner Patienten so – in mehreren Feldern ungelöste Konflikte haben kann, da die meisten von uns Mischtypen sind. Etwa, dass sie auf der einen Seite das Gefühl haben, nicht genug geliebt worden zu sein (Unterleib-Typ), und auf der anderen Seite denken, alles kontrollieren zu müssen (Dickdarm-Typ). In diesem Fall gilt es, wie immer, Zwiebelschale für Zwiebelschale, den Kernkonflikt herauszuschälen. Er ist das Hauptstörfeld.

Das klingt im ersten Moment nach viel Arbeit, aber mit Psycho-Kinesiologie kann man innerhalb kürzester Zeit das

Kerntrauma entlarven und alte Glaubenssätze auflösen (siehe dazu in Kapitel 2: »Effizient wie tiefschürfend: die Psycho-Kinesiologie«, Seite 55).

KAPITEL 8

Heilung geschieht nicht über Nacht

Schwelt eine Erkrankung über Jahre hinweg, wie bei einem Diabeteskranken, muss man diesen mit Insulin ein Leben lang unterstützen. Man kann die Dosis nicht plötzlich reduzieren. So ist das auch bei unserer allgemeinen Gesundheit und beim Wieder-in-die-Balance-Kommen. Dreht es sich nicht um eine Sekundenheilung auf der strukturellen oder regulativen Ebene – und auch bei der muss eventuell noch ein-, zweimal nachgespritzt werden –, gilt es, Ausdauer zu zeigen.

Psycho-emotionale Muster müssen über vier bis sechs Wochen jeden Tag umprogrammiert werden. Den Körper zu entsäuern oder das Mikrobiom wiederherzustellen dauert im Schnitt drei bis vier Monate. Daher ist es wichtig dranzubleiben! Sonst ist die Gefahr groß, dass wir wieder in die alten Muster verfallen und dass es in unserem Heilungsprozess zu einem Rückfall kommt.

Das heißt: Wir müssen Geduld mitbringen und – das ist die Grundvoraussetzung – Verantwortung für unsere Gesundheit übernehmen. Wir können nicht andere vorschicken, sondern sollten uns als Gestalter unserer Gesundheit sehen und an dieser Prämisse festhalten.

Richtig gesund wird nur der, bei dem Denken und Handeln übereinstimmen. Ich sehe den Leuten oft an, ob sie in sich ruhen oder nicht. Sie haben eine andere Aura um sich. Ich spüre das.

Ist jemand in seiner inneren Mitte, spürt man das. Es ist sehr angenehm, mit solchen Menschen zusammen zu sein. Weil die meisten Menschen spüren, dass Heilung ihnen hilft, wollen sie mehr über sich erfahren und gesund werden. Es ist keine Last für sie, sondern ein Weg, der sie sich selbst immer näherbringt und sie damit in ihre eigene Balance finden lässt.

Natürlich gibt es auch Menschen, die sagen: »Ich habe keine Zeit.« Das ist in meinen Augen eine Ausrede und bedeutet nichts anderes als: »Ich habe keine Lust.« Keine Zeit zu haben ist ein vorgeschobener Grund. Warum? Weil derjenige sich nicht mit seinen Themen auseinandersetzen möchte: Ihm sind die Zusammenhänge vielleicht nicht klar, er glaubt nicht an sie, er neigt zu Melancholie, oder ihm ist Schönheit wichtiger als Gesundheit.

Ich hatte einmal eine Patientin, die wurde seit Jahren von Rheuma geplagt. Bei der Anamnese und dem Test kam ich zu dem Verdacht, dass dahinter eine Zahnentzündung steckte. Ich spritzte den Zahn viermal mit einem Lokalanästhetikum , und viermal konnte sie ihre Hand wieder zu einer Faust ballen.

Ich riet ihr, den Zahn, den ich als Hauptstörfeld lokalisiert hatte, von ihrem Zahnarzt ziehen zu lassen. Dazu war sie nicht bereit. Sie akzeptierte lieber, auch in Zukunft Cortison zu nehmen, weil sie zu viel Angst vor dem Ziehen hatte oder schön sein wollte. Ich weiß es nicht. Denn Cortison macht Menschen nicht schöner, sondern macht sie aufgedunsen, weil sie Wasser einlagern. Und jeder gezogene Zahn kann zum Beispiel durch ein Implantat ersetzt werden.

Oder ein anderer Fall: Bei einem zehnjährigen Jungen, der an regelmäßiger Sinusitis litt, stellte ich durch eine kinesiologische Testung fest, dass er zu viel Zucker aß. Die Mutter bestätigte mir das. Sie erzählte, dass sich ihr Sohn und seine Freunde morgens, um gemeinsam zur Schule zu gehen, an einer Tankstelle treffen. Diese war allerdings nicht nur Treffpunkt. Hier gaben die Jungs ihr Taschengeld für Süßigkeiten aus. Als der Junge hörte, dass er eine Pilzkur machen musste und seine Darmflora mit Symbioflor aufbauen sollte (dann hätte er automatisch keine Lust mehr auf Süßes), fand er alle möglichen Gründe, wie die Mutter mir hinterher erzählte, um die Behandlung abzulehnen. Warum? Er hatte Angst, von seinen besten Freunden nicht mehr akzeptiert zu werden, wenn er nichts Süßes mehr essen würde. Auch solche Gründe vereiteln, gesund zu werden. Vorerst, hoffentlich nur!

Auch das Wörtchen »eigentlich« ist für mich immer ein Indiz, dass Patienten zwar verstehen, dass eine Veränderung ihrer Lebensweise gesünder für sie wäre. Das ist ihnen bewusst, dennoch handeln sie nicht danach. Da kann man nichts machen, dieser Mensch möchte (vielleicht jetzt noch) nicht authentisch sein. Irgendetwas hält ihn an alten Dingen fest. Das akzeptiere ich und rüttle nicht weiter daran, wie ich das früher in jungen Jahren gemacht habe. Ich denke, es gibt für alles seine Zeit, und Gesundheit lässt sich nicht erzwingen. Ob mein Gegenüber sich auf eine neue Bewusstseinsebene einlassen will, muss ich ihm überlassen. Ich kann nur Impulse geben.

Und Leidensdruck ist noch mal ein ganz anderer Hebel, als wenn man »nur« aus prophylaktischen Gründen zu mir kommt, um zu sehen, wie und was ich als Naturheilkundler in meiner Praxis für Ganzheitsmedizin und Störfeldsuche anders mache.

Koriphäenkiller statt Selbstliebe

Es gibt allerdings auch immer wieder Menschen, die gelten in unserer Branche als »Koriphäenkiller«, weil sie von einem Experten zum anderen laufen.

Ich hatte nicht nur einmal eine solche Begegnung, die immer ähnlich abläuft: Eine elegante Dame, dreimal verheiratet, kommt in meine Praxis. Sie wollte nichts an ihrer Gesundheit ändern, hatte ich das Gefühl, sondern nur auf dem Papier etwas finden, das ihr bestätigte: Ja, es ist richtig, dass du Hilfe und Aufmerksamkeit brauchst.

Es geht solchen Personen um die Zuwendung, die sie durch Arzt- und Therapeutenbesuche erfahren, weil sie in der Regel wenig Liebe erfahren haben und wenig Selbstliebe und damit wenig innere Stärke besitzen. Bitte, verstehen Sie mich nicht falsch, ich möchte hier niemanden diffamieren, nur ist es wichtig, auch diese Problematik zu betrachten. Denn auch sie kann Augen öffnen und ein Anstoß sein, eine solch unbewusste Haltung zu ändern.

Warum suchen Omas und Opas gerne Hautkontakt zu ihren Enkelkindern, und warum lassen sich Asiaten einmal die Woche zwei Stunden massieren? Es tut gut, gibt Lebensenergie zurück, hilft, sich selbst zu spüren, und bringt einen in die eigene innere Mitte.

All das sind Hilfsmittel, sich Zuneigung von außen schenken zu lassen. Grundsätzlich sollten wir selbst uns diese Aufmerksamkeit schenken. Wir sollten unsere Bedürfnisse gut kennen, damit wir sie uns bewusst erfüllen können. Gerade, wenn es uns nicht gut geht.

KAPITEL 9

Vorbeugen, damit alle vier Ebenen in Balance und im Fluss sind

Eigentlich braucht es nicht viel, um gesund zu bleiben. Vorbeugen und für seine Gesundheit sorgen kann jeder. Ich möchte Ihnen das wieder anhand der verschiedenen Ebenen aufzeigen.

Bewegung zum Beispiel hilft auf der *strukturellen Ebene*, den Muskel zu stärken, und sorgt dafür, dass Sauerstoff aufgenommen und Kohlendioxid abgeatmet wird. Das entsäuert, gleichzeitig bleiben wir beweglicher. Etwa indem wir täglich 30 Minuten spazieren gehen, Gymnastik machen oder Sport treiben.

Damit sich keine falsche Belastung einschleicht, ist es wichtig, vorab zu prüfen: Sind wir gerade gerichtet? Ist kein Zahn höher als der andere? Sind unsere Wirbelgelenke in der richtigen Position? Sind unsere Beine gleich lang?

Gibt es Differenzen, sollten wir diese in Ordnung bringen. Zum Beispiel kann man sich um Absatzerhöhungen kümmern, um eine funktionale Beinlängendifferenz auszugleichen. Das korrigiert die Fehlhaltung und damit eine Schiefstellung des gesamten Organismus.

Auf der *regulativen Ebene* spielt Ernährung eine große Rolle: Ausgewogen sollte unser Speiseplan sein. Zusätzlich sollten wir gut und lange kauen. Mit dieser vorverdauenden Maßnahme unterstützen wir den Magen-Darm-Trakt bei der Arbeit. Wer einen stressigen Beruf hat und/oder viel Sport macht, sollte Wert auf basische Kost legen, weil auch das entsäuert und unseren Organismus entlastet.

Genauso wichtig wie eine ausgewogene, leicht basische Ernährung (siehe Seite 223) ist ein ausgewogener Hormonhaushalt. Manager, die geschäftlich viel auf Reisen sind, sind oftmals kaum mehr in der Lage, ihr sexuelles Leben aufrechtzuerhalten, weil sie viel unterwegs und abends müde und ausgelaugt sind. Wie ein gutes Essen ist die Sexualität für einen ausgeglichenen Hormonhaushalt wichtig. Speziell Männer mit Prostatavergrößerung haben meistens über einen längeren Zeitraum hinweg zu wenig Sex oder zu wenig Streicheleinheiten. Auch Flirten beispielsweise, ein Lächeln, eine Massage, Gesichtsbehandlungen, ein Lob, eine Einladung zum Essen oder grundsätzlich liebvolle Zuwendung reizen die Sexualhormone.

Auch mit bestimmten Nahrungsmitteln lässt sich – gerade bei chronischen Entzündungen – auf der regulativen Ebene die Balance fördern: Papaya und Ananas etwa sorgen dafür, dass sich unser Enzymspiegel erhöht und Entzündungen schneller abgebaut werden können. Artischocken, Maggikraut (Liebstöckel) regen die Lebertätigkeit und den Gallenfluss an und unterstützen unseren Körper beim Entgiften.

Zusätzlich ist es hilfreich, sein Mikrobiom immer wieder zu pflegen. Eine natürliche Methode, ohne zum Beispiel Präparate mit natürlichen Bakterien wie Symbioflor einzunehmen, ist: Morgens eine Gabel rohes Sauerkraut zu sich nehmen, mittags vor dem Essen ein Glas Kefir und zum Abendessen eine Gabel echten französischen Roquefort-Käse. Wer das zwei bis drei Wochen hintereinander macht, stärkt sein Mikrobiom und damit sein Immunsystem ideal.

Kommen wir von der Ernährung zu den Zähnen: Hier gilt es, darauf zu achten, dass sich keine unterschiedlichen Zahnmetalle im Mund befinden. Wer diese Ratschläge beachtet, kann auf der regulativen Ebene prophylaktisch viel für seine Gesundheit tun.

Auf der psychisch-emotionalen Seite vorzubeugen ist alleine oft nicht so einfach. Damit unser Fass nicht überläuft, sollte man alle seine Gefühle zulassen: Trauer, Wut, Freude ... und keines dieser Gefühle unterdrücken. Das passiert gern: weil man eine Rolle spielt oder weil einem bestimmte Gefühle unangenehm sind beziehungsweise man Wut als Verhaltensmuster im Elternhaus unterdrücken musste. Statt sie unter den Teppich zu kehren, sollte man sie zulassen und ausleben. In Maßen. Denn agiere ich beispielsweise Wut ständig aus, bin ich für meine Umwelt schwer zu tolerieren. Auch ist es gut, Trauer zuzulassen, weil erst dann wieder Freude ins Leben treten kann.

Wichtig finde ich zudem, dass wir uns gestaltend betätigen: etwa indem wir malen, tanzen, singen, Musik machen, sodass wir nicht immer nur mit unserem Beruf beschäftigt sind, sondern uns auch inspirieren lassen. Der Besuch eines Kinofilms, einer Ausstellung regt unsere Sinne und damit unsere Gefühle an. Auch in die Natur gehen, uns auf eine Bank setzen und kontemplativ das Schöne bewusst betrachten und uns daran freuen. Das ist eines meiner Lieblingsthemen. Menschen, denen Loslassen und Fühlen nicht leichtfällt, rate ich gern zur Baummeditation.

So geht Baummeditation

Diese Art der Meditation hilft, gleichzeitig an seine Gefühle und seinen Geist heranzukommen. Das kann jeder einmal ausprobieren, weil diese Übung einem unglaublich viel Kraft und Ruhe schenkt. Dazu halten Sie in den nächsten Tagen Ausschau nach einem Baum in Ihrer Umgebung, von dem Sie sagen: Das ist mein

Baum, dem erzähle ich alles, dessen Energie nehme ich auf. Und prüfen Sie, welche Gattung Ihr Baum sein könnte, so wie Sie einen Freund oder eine Freundin auswählen.
Ein Baum sieht im Winter anders aus als im Sommer. Umfasse ich ihn, kann ich seine Energie spüren. Ich höre vielleicht, wie der Wind in seinem Blattwerk spielt, kann dem Säuseln zuhören und mir überlegen, was er einem sagen möchte. Daneben ist er ein guter Zuhörer, ich kann ihm alles anvertrauen: Er hört mir zu und spricht nicht sofort dagegen. Wie viele Leute können mit ihren Familienangehörigen nicht mehr reden, weil sich destruktive Kommunikationsmuster eingeschlichen haben? Oder weil sie bei einer schweren Krankheit von ihrem Umfeld zu hören bekommen: Das wird schon wieder! Und wer will jemandem, der nicht der Wahrheit ins Auge blicken möchte, von seinen Sorgen und Ängsten erzählen? Weil sie anderen nicht zur Last fallen wollen, ziehen sich diese Menschen dann in sich zurück und sprechen nicht über die Themen, die ihnen auf der Seele brennen.
Einem Baum können sie das alles erzählen, und plötzlich, das stelle ich immer wieder fest, findet derjenige oder diejenige die Kraft, sich dem Partner anzuvertrauen, und kann dadurch vorbereiteter in den Tod gehen.
Durch seine Energie gibt ein Baum Kranken auch wieder Lebensenergie. Gerade Krebspatienten, deren Krankheit oftmals mit einem limitierenden Zeitfaktor

einhergeht. Jeder kann das nachempfinden. Wer einen Hund oder eine Katze hat, kann das auch mit seinem Haustier machen und dem erzählen, wo ihn der Schuh drückt, was ihn belastet, traurig macht, nervt, freut …
Ein Tipp: Der Baum sollte möglichst einen Kilometer von Ihrem Zuhause entfernt sein, damit Sie dorthin laufen müssen. Am besten ein-, zweimal die Woche oder wenn Sie akut ein Problem haben. Wenn Sie zum Beispiel vor einer schwerwiegenden Entscheidung stehen, einen Konflikt mit Ihrem Liebsten oder Ihrem Chef hatten. Dann können Sie zu Ihrem Baum gehen, können sich darunterlegen und sich fragen: Wie fühle ich mich, wenn ich diese Entscheidung getroffen habe, mich trenne oder wie, wenn ich gesund bin? Mit solchen Fragen kommt man mit der geistigen Ebene in Berührung und kann die damit zusammenhängende Energie fühlen.
Es ist übrigens ein Unterschied, ob Sie sich Baum X oder Y aussuchen – eine Eiche zum Beispiel oder eine Weide. Sie spüren, welcher der richtige für Sie ist, wegen der positiven Energie, die auf Sie wirkt und wodurch Sie sich angekommen und angenommen fühlen.

Wie es schon anklang, gelingt Ihnen bei dieser Übung auch, Zugang zu Ihrer *geistigen Ebene* zu bekommen: Dinge in der geistigen Welt zu hinterfragen und sich möglicherweise frei zu machen zum Beispiel von einer zu starken Verhaftung oder Besessenheit. Ganz grundsätzlich können Sie überprüfen, ob Sie ein Gedanke immer wieder heimsucht, und sich fragen, ob Sie daran festhalten wollen oder auch andere Gedanken zulassen können, damit sich keine geistige Blockade auf- beziehungsweise die vorhandene abbaut.

Übrigens: Wer sich immer mit denselben Menschen trifft, begegnet immer demselben Gedankengut und kann sich möglicherweise nicht emanzipieren und selbstbestimmt seinen Weg gehen. Das heißt, man sollte sein Umfeld immer wieder mal mit neuen Menschen beziehungsweise mit anregenden Gesprächen mit anderen bereichern. Auch das baut vor, chronisch krank zu werden. Egal ob Cliquenmensch oder einsamer Wolf, beide müssen die andere Seite kennenlernen, ebenso wie Männer auch ihre weibliche Seite sehen und anerkennen sollten und Frauen ihre männliche. Das gleicht aus und hilft, eine geistig-emotionale Balance herzustellen.

Die Mischung macht's! Sie sollten sich muskulär, kulinarisch, kognitiv, psychisch und geistig fordern.

Dabei sind die folgenden fünf Gesundheitsparameter ebenfalls hilfreich. Sie untermauern das bereits Gesagte und geben Ihnen noch mal an der einen oder anderen Stelle vertiefende Impulse und Tipps.

Wichtige Gesundheitsparameter

Parameter Nummer 1: Entspannung

Entspannung ist so wichtig, weil hier alle vier Ebenen miteinander kommunizieren können. Außerdem fordert uns in unserer heutigen Zeit nichts mehr heraus als Stress.

Stress ist die Geißel der Postmoderne, geschürt durch die Digitalisierung, die Technologisierung und die Multioptionalität unseres Alltags. Mit unzähligen Mails, Social-Media-Posts, Anrufen, beruflichen wie privaten To-dos, Entscheidungen und Anforderungen. Ja, oftmals ist das Handy der erste und letzte Kontakt, wenn wir uns zum Schlafen legen oder morgens aufwachen. Die Welt und die Netzwerke schlafen nie. Wer nachts erwacht, trinkt heute kaum mehr ein Glas Wasser, sondern sieht oftmals auf sein Handy, um zu checken, was in seiner Abwesenheit passiert ist: Alles wird immer rastloser, greller, lauter.

Unser Gehirn ist für diese Reizüberflutung nicht gemacht. Es stammt aus grauer Vorzeit, als unsere Ahnen in Höhlen lebten, um Lagerfeuer saßen und echte Ruhe hatten. Sie waren nicht pausenlos mit Gigabits an Tönen, Bildern, Daten und unzähligen Anforderungen und Entscheidungen konfrontiert. Für uns ist das alles viel zu viel. Es stresst uns, macht uns unkonzentriert, fahrig, erschöpft und krank.

Um diese Reizüberflutung zu kompensieren, brauchen wir Stille. Laute Geräusche lassen unseren Blutdruck ansteigen, erhöhen das Risiko für Herzinfarkte und beeinträchtigen unsere Gesundheit negativ: In diesem Alarmzustand schüttet unser Körper permanent das Stresshormon Cortisol aus. Das stellte der Umweltpsychologe Dr. Craig Zimring vom Georgia Institute of Technology in Atlanta auf Neugeborenen-Stationen im Krankenhaus fest. Je lauter, desto gestresster und kränker waren die Babys und desto schlechter schliefen sie.

Stille bewirkt das Gegenteil!

Schon nach zwei Minuten Stille können wir deutlich entspannen, der Blutdruck sinkt, der Blutfluss im Gehirn wird stimuliert.

Das hilft, zusammen mit dem Grün der Natur, mehr als jede Entspannungsmusik.

Daher mein Tipp: Regelmäßig Pausen einlegen und sich dabei von jeglichem Lärm abschotten. Am besten in einem Park, einer Grünanlage oder an Ihrem Baum. Geht das im Büroalltag nicht: einfach kurz mal Kopfhörer auf und entspannen. Oder nach der Arbeit den Tag mit einem Spaziergang im Grünen abschließen, mit einer Entspannungs-CD oder mit fließender, harmonischer Musik zum Beispiel die Komposition »Air« von Johann Sebastian Bach, Stücke von Wolfgang Amadeus Mozart oder »Titania« von Mike Rowland.

Stress führt zu Fehlbelastungen, gleichzeitig kommt es zu Verspannungen in der Muskulatur. Sie können den Muskel mit einem Medikament wieder in seine alte Form zurückbringen, Sie können ihn spritzen oder ihn massieren lassen. Aber Sie können auch ein Muskelentspannungstraining machen. Steht jemand permanent unter Strom, wäre das das effektivste Mittel, aus seiner angespannten Situation herauszufinden.

Progressive Muskelentspannung nach Jacobson
Im letzten Jahrhundert hat der US-amerikanische Arzt Edmund Jacobson (1888–1983) die Methode der progressiven Muskelentspannung entwickelt. Sie ist sehr einfach umzusetzen: Nacheinander werden in kurzen Sequenzen einzelne Muskelgruppen von Kopf bis Fuß für einige Sekunden angespannt. Danach lässt man sie wieder locker und spürt dem entspannenden Zustand nach. Die Anspannung sollte fünf bis zehn Sekunden dauern, die Entspannungsphase 30 bis 45 Sekunden.

Progressive Muskelentspannung nach Jacobson – eine Anleitung

Um das beste Ergebnis zu erzielen, suchen Sie sich für Ihr Training einen stillen Raum und legen Sie sich auf eine Fitnessmatte oder setzen sich in einen bequemen Stuhl. Wenn Sie möchten, können Sie, um den Entspannungseffekt zu unterstützen, zu Ihren Übungen sanfte Musik laufen lassen und ein beruhigendes Duftöl wie Lavendel benutzen. Probieren Sie einfach aus, welcher Duft Ihnen sympathisch ist.
Dann beginnen Sie, indem Sie erst eine Faust machen und diese anspannen (fünf bis zehn Sekunden), danach entspannen Sie die Faust wieder und spüren, welches Gefühl sich dabei in der Hand einstellt. In dieser Weise gehen Sie die einzelnen Muskelgruppen durch: Unterarm, Oberarm, Fuß, Zehen, Unterschenkel, Knie, Oberschenkel, Gesäß, Bauch, Brust, Hals, bis Sie zum

Schluss den Mund, die Augen und den Kopf anspannen und wieder entspannen.
Absolute Beginners sollten mit 20 bis 30 Minuten am besten vor dem Schlafengehen starten. Sind die Abläufe eingespielt, reichen auch mal fünf Minuten zwischendurch. Und: regelmäßig üben, dann entspannen Sie oft schon mit einer einzigen Übung zwischendurch.
Sie können auch mithilfe von CDs und Apps an die Sache herangehen. Der Einstieg fällt vielen unter fachkundiger Anleitung leichter, weil der Trainer genaue Anweisungen gibt und auf die richtigen Zeitabfolgen von An- und Entspannung achtet. Meist untermalt von einer beruhigenden Hintergrundmusik. Eine gute Auswahl finden Sie sicherlich in Ihrer Buchhandlung oder im Internet. Am besten: reinhören und prüfen, ob Ihnen die Stimme des Sprechers sympathisch und angenehm ist.

Parameter Nummer 2: Basische Ernährung

Ich habe die Relevanz basischer Ernährung in meinen Ausführungen immer wieder mal herausgestellt. Sie ist so wichtig, weil 80 bis 90 Prozent der Patienten, die mich aufsuchen, übersäuert sind. Stress trägt zur Übersäuerung bei, gleichzeitig ist in unserem modernen Alltag Zeit Luxus. Das hat zur Folge, dass wir zu schnell essen und es oftmals nachrangig ansehen, als notwendiges Übel, das uns vom Arbeiten und Erledigen wichtiger Dinge abhält. Kein Wunder, dass viele von uns zu wenig auf frische, gesunde Ernährung achten. Auch weil es oftmals schnell gehen muss und wir Junkfood den Vorzug geben.

Zusätzlich vernachlässigen wir, uns zu bewegen und tief ein- und auszuatmen. Das führt zu einer verminderten Abatmung von Kohlensäure und zusätzlich zu einer Übersäuerung. Deswegen ist sich sportlich zu betätigen so entscheidend: Dadurch entsäuern wir auf natürliche Weise. Wir atmen tiefer und schneller, nehmen mehr Sauerstoff zu uns und geben entsprechend Kohlensäure ab.

Viele Menschen wählen, um in ihrem hektischen Alltag zu bestehen, als Entspannungshilfe Kaffee, Zigaretten oder ein Gläschen Wein oder Bier. Auch das fördert die Übersäuerung des Körpers und trägt zu verminderter Leistungsfähigkeit, Müdigkeit, Kopfschmerzen oder Rheuma bei. Auch schwächt das unser Immunsystem und verstärkt die Neigung zu Allergien.

Deshalb rate ich im Sinn der *Trias der Gesundheit* allen meinen Patienten zur Einnahme eines Präparats, das den Körper entsäuern hilft (zum Beispiel *Innova Balance*), und dass sie auf eine basische Ernährung achten.

Dazu gilt folgende Faustregel: Alles, was über der Erde gedeiht, macht sauer. Alles, was unter oder nahe der Erde wächst, ist basisch. Allerdings gibt es Ausnahmen: Oliven zum Beispiel sind stark basisch, auch viele Obstsorten und Mandeln. Hier eine Übersicht, welche Lebensmittel basisch und welche sauer sind.

Basisch sind: Ananas, Aprikose, Apfel, Banane, Birne, Brombeere, Dattel, Erdbeere, Feige, Himbeere, Heidelbeere, schwarze Johannisbeere, Kirsche, Melone, Preiselbeere, Pfirsich, Pflaume, Traube; Aubergine, frische grüne Bohne, Blumenkohl, Brokkoli, Brunnenkresse,

Chicorée, frische grüne Erbse, Hülsenfrüchte (wie Linsen, Bohnen), Johannisbrotmehl, Knoblauch, Kürbis, Lauch, Mais, Meerrettich, Pilze, Rotkohl, Paprika, Radieschen, Rübe, Sauerkraut, Schwarzwurzel, Sellerieknolle, Spinat, Tomate, Wirsingkohl, Weißkohl, Zwiebel; Mandeln, Sonnenblumenkerne; Eigelb.

Stark basisch sind: Papaya, Mango; Avocado, Rote Beete, Endivie, Feldsalat, Gurke, Keimlinge, Kartoffel, Kohlrabi, Kopfsalat, Sellerieblätter, Topinambur, Zuckerrübe; Kräuter und Gewürze, Löwenzahnblätter; Kastanie, Korinthen.

Sauer sind: Rote Johannisbeere, Stachelbeere, Zitrusfrüchte; Artischocke, Getreide, Maisstärke, Nüsse, Pistazien, Pinienkerne, Rhabarber, Reisstärke, Rosenkohl, Sesam, Spargel, Sauerampfer; Hartkäse, Frischkäse.

Stark sauer sind: Backhefe, Fleisch, Fisch, alles Süße, Erdnüsse, Walnüsse; Alkohol, Kaffee, Eiklar.

Es gibt auch neutrale Lebensmittel zum Beispiel: Dinkel, Hirse; Butter, ungesättigte Öle.

Mit dieser Aufstellung fällt es Ihnen sicherlich leichter, in Zukunft bei der Auswahl Ihrer Mahlzeiten stärker auf eine ausgewogene Säuren-Basen-Kombination zu achten. Auf das Ausgewogene kommt es an. Besser noch: auf einen leichten

Basenüberschuss! Damit lässt sich Stress, der uns im wahrsten Sinn des Wortes sauer macht, leichter abfedern. Auch Ruhe, Wärme und Entspannung fördern die basische Grundlage. Und Bitterstoffe. Etwa in Form von bitterem Tee (Eisenkraut, grüner Tee), Apfelessig in lauwarmem Wasser oder in Salaten wie Chicorée, Löwenzahn, Radicchio und Ähnliche.

Die Ausgewogenheit macht's. Aber Achtung, wenn Sie Rheuma haben! Das ist in der Regel ein Zeichen für eine starke Übersäuerung, da gilt es, den Speiseplan erst einmal ganz auf basische Lebensmittel umzustellen. Und das nicht nur eine Woche lang, sondern mindestens zwei bis drei Monate. Oder auch, wenn man einen Schub hat. In diesem Fall sollte man noch Infusionen mit Natrium-Bicarbonat 8,4 Prozent dagegensetzen.

Wie schon betont entsäuert auch Bewegung sehr: Sie hilft, Kohlensäure abzuatmen, entspannt die Muskeln und baut Stresshormone im Körper ab. Mehr noch: Bewegen wir uns, bedankt sich unser Körper, indem er Glückshormone ausschüttet. Dadurch fühlen wir uns wohl und ausgeglichen.

Gut ist leichtes Bewegungstraining wie Spazierengehen, Radeln oder Schwimmen. Vom Joggen sollten Menschen mit Arthrose absehen, das ist eine Beeinträchtigung auf der zellulären Ebene.

Parameter Nummer 3: Bewusstsein

Auch geistige Flexibilität ist vorbeugend wichtig, damit wir nicht Gefahr laufen, dass sich ein Gedanke festsetzt. Merke ich, dass ich mich an einer Stelle im Kreis drehe, sollte ich andere Gedanken dagegensetzen, indem ich mich frage: Wie wäre es denn, wenn es ganz anders wäre? Was würde ich mir vorstellen, unter welchen Vorzeichen, Umständen wäre es dann auch gut? Möchte ich geistig rege und nicht zu zentriert werden, sollte ich mich auch kritischen Gedanken stellen.

Unsere Gedanken stellen keinen Angriff auf die eigene Person dar, sondern regen zur Auseinandersetzung an, die einen möglicherweise weiterbringt und unseren Blickwinkel erweitert. Etwa, indem wir ein weiteres Angebot aus dem Fächer der Möglichkeiten, den das Leben bereithält, in Betracht ziehen. Zusätzlich fördert dieses Verhalten unsere Toleranzbreite und beugt vor, nicht von einem Gedanken alleine besessen zu werden.

Andreas Baader und Ulrike Meinhof hatten zwar nichts mit Medizin zu tun, ihr Beispiel zeigt meines Erachtens aber sehr anschaulich, was ich meine. Das waren sehr intelligente Menschen, die, von einem Gedanken fixiert, in die Kriminalität abgedriftet sind.

In der Schule regen Gesinnungsaufsätze, in denen Kinder eine These und eine Gegenthese formulieren müssen, bereits zu einer gewissen geistigen Flexibilität an. Diese Schreibübung hilft herauszufinden, was passt für mich, und öffnet auch für eine Gegenmeinung. Diesen Perspektivenwechsel sollten wir auch in unser Leben und in unsere Gedanken einbauen, weil er hilft, flexibel zu bleiben.

Sagen Sie einem Rechtsradikalen: »Ausländer können auch gut sein«, kontert der vermutlich mit: »Quatsch, Ausländer sind schlecht!« Er ist festgelegt. Bei Fußballspielen sind das auch die Fans in ihren Blocks. Egal wie die anderen spielen, hinterher hauen sie sich die Köpfe ein.

Wenn der derzeitige türkische Staatspräsident Menschen verhaften lässt, weil sie anderer Meinung sind, ist es das gleiche Festgelegte, Starre, Fixierte. Das macht krank. Ganz besonders Menschen, die im Zweifel sind mit den Ansichten derer, die den Ton und die Richtung angeben, und sich aus Angst vor Repressalien in eine Richtung drängen lassen. Egal ob in politischen Systemen, Firmen, Familien, Partnerschaften. Man spürt innerlich, wenn etwas nicht stimmt. Hält man trotzdem daran fest, kann das auf Dauer krank machen.

Zweifel gehören zu einer evolutionären Entwicklung dazu. Sie weisen auf Handlungsbedarf hin, damit Gefühl und Gedanken ins Gleichgewicht kommen. Wir sind offene Systeme, die miteinander korrespondieren und gemeinsam eine Lösung finden müssen, mit der sich die einzelnen »Parteien« wohlfühlen.

Handelt jemand aus Angst, spielen die emotionale und geistige Ebene zusammen und bedingen sich gegenseitig. Gelingt es, einen Gedanken aufzulösen, kann das auch schlagartig dafür sorgen, dass die Angst nachlässt.

Alte Muster sind sehr komplex, oftmals auch verstellt und verschlungen. Aus diesem Grund schaffen es die wenigsten, sich selbst aus dem Schatten ihrer Vergangenheit zu lösen. Doch sie können sich überprüfen: Bin ich überhaupt in der Lage, einer anderen Idee aufmerksam zuzuhören? Höre ich die Argumente des anderen überhaupt, oder will ich nur meine zum Besten geben?

In Partnerschaften können Sie auch mal spielerisch vorgehen. Indem jeder Partner zehn positive Dinge aufschreibt, die er an seiner Partnerschaft, am anderen schätzt und liebt, und zehn negative. Das hilft, sich von negativen, blockierenden Gedanken frei zu machen. Der andere weiß vermutlich gar nicht, dass das möglicherweise mit dem täglichen Müll zusammenhängt: Weil der Partner nie den Müll runterbringt, kann sich dadurch ein Mikrotrauma eingeschlichen haben.

Parameter Nummer 4: Morgenschiss

Regelmäßiger Stuhlgang ist ein ganz wichtiges Kriterium, um gesund zu bleiben. Wer keinen Morgenschiss hat, ist in meinen Augen den ganzen Tag lang schlapp. Das bestätigte mir auch ein Tierarzt aus Schleswig-Holstein. Er fragte mich: »Was machst du denn so?« Ich antworte ihm, dass ich Arzt sei und mich viel mit Ernährung und dem Darm beschäftige. Darauf meinte er nur: »Das Wichtigste ist der Morgenschiss. Wenn's den nicht hast, ist der ganze Tag vorbei.«

Der Verdauungspapst Franz Xaver Mayr war der gleichen Meinung: Wir sollten am nächsten Tag das ausscheiden, was wir am Vortag gegessen haben, weil die Verdauung dann wie ein Gebirgsbach wäre, klar und sauber. Ein langsam dahinfließender Bach würde schlammig und verschmutzt.

Was macht der Darm? Er soll Vitamine, Mineralstoffe, Eiweiße aus der Nahrung abspalten und das abgeben, was er nicht braucht: Gift- und Ballaststoffe. Leide ich unter Verstopfung, dann bleiben Schlacken länger in meinem Körper als vorgesehen. Das kann Rückvergiftungen begünstigen und beeinflusst den gesamten Organismus. Vor allem das Immunsystem und den Stoffwechsel.

Deshalb ist der morgendliche Toilettengang ein wichtiges Kriterium der Gesundheit, um das auszuscheiden, was wir am Vortag gegessen haben. Essen wir zum Beispiel Rote Beete, Blaubeeren oder Spinat, lässt sich das aufgrund eines rötlich oder dunkel gefärbten Stuhls leicht feststellen. Damit können Sie sehen, wie schnell Ihr Darm arbeitet: ob Sie am nächsten Tag diese dann verdauten Nahrungsmittel geformt ausscheiden.

Die Formung der Wurst passiert im Mastdarm, auf den letzten 15 Zentimetern des Darms. Scheide ich mehr aus, kann mein Stuhl nur am Anfang zu einer Wurst geformt sein, und danach können es auch mal mehrere kleine Würstchen sein. Das ist normal.

Ich fragte einmal bei einem Vortrag vor Apothekern in die Publikumsrunde, was ein normaler Stuhlgang sei, und erhielt zur Antwort: Viermal pro Tag bis zwei- bis dreimal pro Woche sei ein normaler Rahmen. Das ist eine große Spannweite, finden Sie nicht auch? Die Apotheker lernen das anscheinend so. Aber das stimmt meines Erachtens nicht. Und es ist nicht einfach nur damit getan, ein Abführmittel zu nehmen, sondern wir sollten nach Typen unterscheiden und zu entsprechenden Hilfsmitteln greifen.

Wer nicht täglich seinen Darm entleert, entgiftet nicht ausreichend. Er ist müde, niedergeschlagen, sein Körper neigt zu vermehrten Entzündungsreaktionen und zu Wassereinlagerungen. Und: Eine gesunde Verdauung hängt, wie schon oft erwähnt, von einem funktionierenden Mikrobiom ab und wird einem bereits bei der Geburt, sofern es eine natürliche Geburt ist, also kein Kaiserschnitt, mit auf den Weg gegeben.

Beispiel: Ich hatte einmal eine Patientin, deren Kind nach der Geburt fünf Monate lang keinen Stuhlgang hatte. Es half nur, dass die Mutter, vom Kinderarzt verordnet, ihrem Baby immer wieder ein Abführmittel gab. Beide, Mutter und Kind, waren durch die nächtlichen Schreitiraden der Kleinen sehr geschwächt, und ich wunderte mich, warum niemand nach dem Warum für die Verstopfung fragte. Ein Neugeborenes hat normalerweise Stuhlgang. Ich hatte einen Verdacht und fragte, ob es eine Kaiserschnittgeburt oder eine normale Geburt war. Die Mutter bestätigte meinen Verdacht: Ihr Kind kam durch einen Kaiserschnitt auf die Welt. Das Kind war praktisch steril geboren worden und nicht über den Geburtskanal mit der Scheidenflora und damit mit dem Mikrobiom der Mutter in Kontakt gekommen. Da sie ihr Kind stillte, riet ich ihr, ihre Brustwarze mit Pro Symbioflor vor dem Stillen zu benetzen, und – siehe da! – drei Tage später hatte das Kind Stuhlgang. Von da an jeden Tag.

Was kann ich selbst tun, um meinen Darm anzuregen? Aus der ayurvedischen Medizin entlehnt rate ich, morgens auf nüchternen Magen, eine Stunde vor dem Frühstück, ein Viertel- bis einen halben Liter warm-heißes Wasser zu trinken. Das kurbelt das Leber-Gallen-System an, Gallensäfte in den Dünndarm abzugeben, und regt die Peristaltik des Darms an.

Hat man eine sehr anhaltende und lange Verstopfungsperiode hinter sich, empfehle ich, vor dem Schlafengehen einen Viertelliter warmes Wasser mit einem Schuss Apfelessig zu trinken. Das hat den gleichen anregenden Effekt, zusätzlich reinigt der Apfelessig die Darmzellen und hilft Pilze, die sich möglicherweise an der Darmwand befinden, abzulösen. Diese unterstützende Maßnahme ist so simpel, dass Sie sie, egal wo sie sind, auch auf Reisen in Ihren Tagesplan einbauen können. Das ist wie ein Trainingsprogramm und befreit von den Giftstoffen. Zusätzlich befreit es auf der geistigen und psychoemotionalen Ebene.

Hilfreich ist auch ein kleiner Wassereinlauf, um verhärtete Partikel im Enddarm zu lösen.

Natürlich helfen auch bestimmte Gewürze und andere Verfahren, die Peristaltik anzuregen. Menschen, denen schnell kalt wird, sollten dazu wärmende Gewürze wie Ingwer oder Senf bevorzugen. Die anderen können eine salinische Darmberieselung machen, indem Sie morgens ein 0,2-Glas eines Kurwassers, wie Fachinger, auf nüchternen Magen trinken. Diese erhöhte Salzkonzentration im Darm versucht der Körper, indem er Wasser in den Darm abgibt, auszugleichen. Das regt den Stuhlgang an.

Zusätzlich gilt es natürlich zu prüfen: Warum sind die Peristaltik oder das Mikrobiom nicht in Ordnung? Ist die Bauchmuskulatur oder das ganze Bindegewebe schlaff, ist auch die Muskulatur im Darm schlaff und träge.

Ein träger Darm lässt auch den sogenannten schlaffen Kotbauch entstehen, der zur Sämannshaltung führt und gerne Auslöser von Rückenschmerzen ist. Abends einen Schuss Apfelessig in ein Glas Wasser, das bringt Ihren Darm in Schwung. Das sollten Sie so lange machen, bis Ihr Stuhlgang wieder normal ist. Zugleich sollten Sie Ihr Mikrobiom stärken. Das gilt auch für Menschen, die zu Durchfällen neigen: Denn – nur ein gesundes Mikrobiom garantiert gesunde Darmzellen und hilft bei Entzündungen.

Menschen, die zu Durchfällen neigen, sind meist auch überreaktiv und übersensibel. Sie reagieren oftmals mit Durchfall, weil sie Gluten, Eier oder Milch nicht vertragen. Das sind in unseren Breiten die drei Hauptnahrungsmittel, auf die meine Patienten sensibel reagieren. Ich hatte noch nie jemanden, der solche Symptome auf Fleisch zeigte, obwohl es das auch gibt. Es kann aber auch sein, dass häufige Durchfälle ein Zeichen dafür sind, dass einen etwas emotional aufregt.

Parameter Nummer 5: Freude, eine positive Lebenseinstellung

Lebensfreude ist das Salz in der Suppe des Lebens. Wir haben das Glück, in eine westliche Leistungsgesellschaft geboren worden zu sein. Wir sind frei, haben zu essen, ein Dach über dem Kopf, ein sauberes Bett, Freunde ... Und es ist so wichtig, dieses Geschenk zu entdecken und sich darüber und über sein Leben zu freuen und diese Freude auch zu spüren. Denn: Nörgle ich immer nur rum, laufe ich Gefahr, krank zu werden. Vielleicht steckt dahinter eine Übersäuerung durch meine Nahrung. Ist das der Fall, dann werde ich auch psychisch sauer.

Leide ich unter Verstopfung, kann ich mich auch wirklich nicht freuen, weil ich immer eine Last in mir spüre, statt das Leben und seine Energie zu spüren. Entdecken lässt sich diese schillernde Welt am einfachsten, indem ich mir bewusst mache, wie viele unterschiedliche Geschmacksrichtungen es gibt. Indem ich mich darauf konzentriere, was ich esse, und nicht nebenher noch lese, SMS verschicke oder Termine bespreche.

Freude kann ich durch alle möglichen Erlebnisse und Eindrücke erfahren. Jeder definiert anders, was ihm Freude bereitet. Bei dem einen ist es ein gutes Essen (das sind die allermeisten; ich habe noch nie jemanden kennengelernt, der Essen nicht als großen Genuss empfindet), ein anderer trommelt gerne, sitzt in der Abendsonne am Steg oder raucht mit Genuss eine Zigarre. Alles, was einen anregt und wodurch sich ein Gefühl von Leichtigkeit und Leben entwickelt, bis manchmal das Herz sogar Kapriolen schlägt. Es ist so bereichernd, diese Erlebnisse nicht einfach nur auf- und hinzunehmen.

Viele Menschen lernen erst sich zu freuen und ihre Gesundheit zu schätzen, wenn sie es schwer haben, wenn sie etwas piesackt. Denken Sie nur an das doch harmlose Beispiel eines Hühnerauges. Das kann so wehtun, dass man sich nicht mehr gerne bewegt, geschweige denn, schöne Schuhe anziehen möchte. Nein, man wählt dann die breitesten und meist auch ältesten Treter aus, damit man nicht bei jedem Schritt an das kleine Übel am Zeh erinnert wird.

Daher ist es so essenziell, sich immer wieder zu fragen: Was bedeutet mir Freude, was Gesundheit? Und nicht erst, wenn man krank ist. Das sehen zu können hat mit positiver Lebenseinstellung zu tun.

In unserer Evolution schreiten wir immer voran, auch was unser Bewusstsein anbelangt, deswegen geht es Hand in Hand, der Freude auch entsprechende Taten folgen zu lassen. Sagen wir »eigentlich«, können wir nicht mehr genießen. »Eigentlich sollte ich keine Freundin neben meiner Frau haben.« Sage ich das, kann ich weder das eine noch das andere genießen. Natürlich ist das ein extremes Beispiel, liebe Frauen, bitte verzeihen Sie mir, aber es verdeutlicht sehr gut den inneren Zwiespalt, den »eigentlich« auslöst.

»Eigentlich müsste ich viel mehr Zeit mit meinen Kindern verbringen.« Eigentlich ist eines der unsinnigsten Wörter: Sie haben erkannt, dass ihre Taten und ihr Denken nicht übereinstimmen, ändern das Dilemma aber nicht. Hier gilt es aufzupassen! Indem Sie, um bei dem Beispiel zu bleiben, festlegen: Montag ist immer Männertag mit meinen zwei Söhnen. So etwas ist wichtig. Sonst verbiegen Sie sich ständig und haben ein schlechtes Gewissen. Zahlt sich das auf Dauer aus? Weder für Sie noch für die anderen Beteiligten. Die Freude bleibt auf der Strecke, wenn Sie nicht kreativ nach einer befriedigenden Lösung suchen.

Balance – ein ungeschriebenes Gesetz für Wohlgefühl
Wie bei allem im Leben (nicht nur bei unserer Gesundheit) sollten wir auch bei unserer Lebensgestaltung eine gute Work-Life-Balance entwickeln. Es geht immer und überall um die Mitte. Damit gelingt es mir, Freude zu mehren, weil ich dann auch Zeit habe für die Dinge, die mir wirklich wichtig sind.

Ich persönlich habe meine Work-Life-Balance gefunden, indem ich es schaffte, dass sich meine Praxis- und Wohnräume heute über zwei Etagen im selben Haus befinden. Damit entfallen lange Anfahrtswege, Staus oder verspätete Züge morgens und abends zur Arbeit, und diese gewonnene Zeit stecke ich in meinen Sport: Ich bin begeisterter Reiter. Das schenkt mir Freude ebenso wie mein Job. Diese Kombination gibt mir Energie, die ich an andere weitergeben kann.

Mein Leben lässt sich auch mit den vier Ebenen erklären: Durch meinen Sport, meine mediterrane Ernährung, die von Haus aus mehr basisch als sauer ist, und dadurch, dass ich mein Mikrobiom mit *Symbiolact pur* pflege, balanciere ich die regulative Ebene aus. Gleichzeitig gönne ich mir regelmäßige Thai-Massagen und vier Wochen Urlaub im Jahr. Psycho-emotional fühle ich mich wohl, wenn ich meine Ziele erreiche und Anerkennung von meinem sozialen Umfeld erhalte. Dies spüre ich durch ein gutes Bauchgefühl. Geistig halte ich mich, da ich ein sehr vielseitiger Mensch bin, aktiv mit Diskussionsrunden und Salons, die ich veranstalte, und durch die Lektüre inspirierender Sach- und Fachbücher.

Übrigens: Keiner ist für sich allein, jeder steht mit anderen Systemen in Kontakt. Etwa als Paar mit dem Partner, als Familie mit seinen Angehörigen, mit seinem Umfeld, mit Freunden, mit Nachbarn, der Dorfgemeinschaft und vielem mehr. Darüber erfahren wir Freude und Berührung, und je größer die Schnittstellen sind, desto mehr müssen wir uns anpassen oder es sein lassen und eine Entscheidung treffen: Passt das (noch) oder nicht?

Damit haben Freude, Heilung und In-seiner-Mitte-Sein nicht nur Auswirkungen auf Sie selbst, sondern beispielsweise auch auf Ihre Familie. Wir sind im Kleinen ein System, das Einfluss auf ein anderes System, die Familie, hat. Ändere ich mich, ändern sich auch die anderen. Wir sind ein System im System, das in der Natur, im Universum gipfelt. Auch hier gibt es keine Einbahnstraßen, alles ist eins. Und will vor allem eines: Einssein. Was nichts anderes ist als ganz sein, als heil sein, als gesund sein.

In diesem Sinn wünsche ich Ihnen alles Gute und hoffe, Ihnen den einen oder anderen guten Gedanken mitgegeben zu haben. Ich erhebe mit meinen Ausführungen nicht den Anspruch, alles zu wissen. Sie sind Quintessenzen meiner Erfahrungsschritte, die ich im Lauf meines Lebens gemacht habe.

Ich wie auch Sie, wir alle entwickeln uns weiter, und so habe ich zum Beispiel vor zehn Jahren anders behandelt als heute oder vor 20 Jahren. Auch alle anderen, die sich mit Heilung beschäftigen, versuchen, einen guten Job zu machen und den Menschen zu helfen. Jeder so, wie er es gelernt hat. Was ich für mich aber als entscheidend erkannt habe: Wir dürfen nicht aufhören, uns zu öffnen und auch mal in eine andere Richtung zu denken. Nur so konnte und kann ich Menschen auffangen, denen die Schulmedizin nicht helfen konnte und kann.

Ich habe mein Spektrum erweitert, und nicht jede Methode, das ist auch klar, kann jedem helfen. Das gilt auch für den Arzt: Jeder Arzt, Heiler oder sonstiger Therapeut spielt auf dem Klavier seine eigene Melodie, und wie das in der Musik ist, kommen aus den gleichen weißen und schwarzen Tasten des Klaviers ganz unterschiedliche Melodien und Musikstücke heraus. Einer spielt Mozart, ein anderer Rachmaninow, wieder ein anderer Heavy-Metal-Songs. Der Patient ist derjenige, der bestimmt, welche Musik für ihn passt. Darum geht es!

Ich will die Menschen anregen, sich eigenverantwortlich aus dem Fächer der Möglichkeiten – den stets vorhandenen Informationsquanten – die für ihn richtigen auszuwählen, in sein Bewusstsein gelangen zu lassen und danach zu handeln. Man kann das im weiteren Sinn auch als Quantenmedizin bezeichnen. Dass man die Energiequanten spürt, die dann für den Einzelnen zu einem echten Informationsquantum wird. Die Kunst des Arztes ist zu spüren, welche Informationsquanten der Patient bewusst oder unbewusst aussendet. Diese vergleicht er mit seiner Erfahrung und spürt, welche Therapieform bei dem Einzelnen die richtige sein kann. Indem er sich fragt: Was bringt meinen Patienten weiter?

Wer zum Beispiel als Angehöriger eines entlegenen Ethnostamms noch nie etwas von einem Auto gehört hat, kennt das nicht. So ist es auch mit Gesundheit: Wenn jemand noch nie von Nahrungsmittelunverträglichkeit gehört hat, kennt er das nicht. Oder dass es so etwas wie eine geistige Blockade gibt. Das geht mir auch so in bestimmten Bereichen, deswegen möchte ich Sie dafür sensibilisieren und auch dafür, dass es verschiedene Ebenen gibt, auf denen Ursachen für chronische Erkrankungen verborgen sind – bei mir, in meiner Ordnungswelt, sind es vier.

Kenne ich die Ursache, muss ich die mitbehandeln, sonst werde ich keine erfolgreiche Heilung erzielen. Es geht nicht darum zu akzeptieren, was der Arzt sagt, und das zu machen. Nein, jeder sollte nachvollziehen können, was der Arzt meint, und dann, weil es sich schlüssig anhört und man überzeugt davon ist, dann sollte man auch danach handeln. Jeder macht das dann in dem Glauben, dem Bewusstsein, gesund werden zu wollen.

Viele Menschen kommen zu mir wie zu einem Guru, weil andere von mir erzählt haben. Darum geht es mir nicht! Es geht darum, dass sie selbst erfahren, dass sich Dinge wandeln, besser werden, sich Gesundung einstellen kann, wenn man versucht, das Großartige der Natur anzuerkennen, denn die Natur hat in der langen Geschichte der Evolution des Menschen schon Großartiges geleistet. Der Arzt soll dem Menschen bei seinem Bewusstseinsprozess helfen: Dann ist man vom Arzt zum Heilkünstler geworden.

Die Natur und auch wir Menschen sind kein festes System, es kann sich immer etwas verändern. Habe ich gelernt, dass es vier Ebenen gibt, kann ich versuchen, auf den vier Ebenen damit umzugehen: Merke ich, dass ich mich in einer Sache immer gleich verhalte, muss ich mir Experten in meinem Umfeld suchen, die in dieser Richtung arbeiten. Neige ich zu Verspannungen, eigne ich mir Entspannungsmethoden an oder gehe regelmäßig zur Thai-Massage. Bin ich geistig blockiert, suche ich Hilfe bei den Fachleuten, die sich mit dem Spirit beschäftigen. Das können Pfarrer, Priester oder auch ein Medium sein. Habe ich einen Asthmaanfall, Herzinfarkt oder einen Unfall, hilft mir ein Internist oder Chirurg in diesem Akutfall.

Ich möchte, dass Sie selbstständig werden und die für Sie richtigen Entscheidungen aus dem Fächer der Möglichkeiten treffen lernen. Ich will Sie zum eigenständigen Denken und Handeln anregen, damit Sie bereit werden zu ergründen, was sich hinter Ihrem Gefühl, krank zu sein, verbirgt. Und nicht, wie das gegenüber Medizinern immer noch sehr verbreitet ist, deren Diagnosen und Verordnungen kritiklos hinnehmen!

Und glauben Sie mir: Richtige Heilung gibt es nur mit persönlichem Einsatz und wenn Sie das Motto: *»Cogita et fac idem, sanus eris«* (Denke und handle in gleicher Weise, dann wirst du gesund) beherzigen. Das zeigt mir das Leben und mein Praxisalltag immer und immer wieder.

KAPITEL 10

Fünf einfache Therapien für mehr gesundes Gleichgewicht

Die nun folgenden fünf Maßnahmen lassen bei chronischen Erkrankungen oftmals Ihren Körper wieder ein Stück mehr in seine Balance zurückfinden.

Sie sind ein erster Schritt in Richtung Gesundheit, auch wenn das Hauptstörfeld noch nicht lokalisiert ist. Manchmal reicht das schon aus, damit der Körper die Kraft findet, sich zu erholen und in eine bessere Regulation zu kommen. Die Heilmittel und Medikamente für die vier Anleitungen erhalten Sie alle rezeptfrei in der Apotheke.

1. Die Trias der Gesundheit

Jede Störung des Darms geht mit einer Veränderung der Darmflora einher. Sie wird von der sogenannten Schutzflora umgeben. Das sind Milchsäurebakterien und Acidophylusbakterien. Sie sind elementar wichtig, um den Darm dichter zu machen, damit sich beim sogenannten Leaky-Gut-Syndrom – offene Stellen in der Darmschleimhaut – keine krank machenden Substanzen in den Körper einschleichen können. Um das zu vermeiden, rate ich zu *Symbiolact pur*, da dieses Präparat kein Gluten enthält. Zusätzlich rate ich zu einer Entsäuerung, da jede Entzündung Hand in Hand mit einer Übersäuerung des Gewebes geht.

Aus diesem Grund verordne ich das in meiner Praxis bewährte Entsäuerungsmittel *Innova Balance*. Das ist eine Kombination aus Mineralstoffen, die dem Körper die Möglichkeit geben, Basenpuffer zu bilden. Gleichzeitig verordne ich Enzyme. Sie helfen, die Eigenregulation des Immunsystems wieder anzukurbeln.

Daher rate ich bei allen chronischen Erkrankungen zu folgender Therapie:

* 1 Beutel *Symbiolact pur* und 1 Beutel *Innova Balance* auf 1 Glas Wasser und am besten zum Abendessen trinken.
* 3 Tabletten *Innovazym* (Enzyme) morgens und abends; bei Erkrankungen wie Krebs und anderen Tumoren verordne ich *Innovazym CA* statt *Innovazym*.

2. Trinkkur zur Nierenunterstützung bei Übersäuerung und Hyperurikämie (erhöhter Harnsäurespiegel)

Leiden Sie häufig unter Steifigkeit in der Muskulatur und erhöhten Harnsäurewerten, kann eine vierwöchige Trinkkur Ihnen weiterhelfen. Sie ist praktisch eine größer angelegte Entsäuerung.

* Pro Tag 1 Beutel *Innova Balance,* 2 EL *Nephroselect*, 1 TL *Uvalysat,* ½ TL Vitamin-C-Pulver zum Beispiel von Caelo.
* Das alles in 1,5 Liter Wasser auflösen und über den Tag verteilt trinken, vier Wochen lang.
* Zusätzlich sollten Sie zweimal die Woche ein Bad nehmen mit 100 Gramm Natrium-Bicarbonat auf eine Wanne Wasser. Badezeit: 20 bis 40 Minuten bei einer Wassertemperatur von 37 Grad.

3. Immunsystem stärken – vorbeugend und zur Erkältungszeit

Wollen Sie Ihr Immunsystem stärken, empfehle ich eine mikrobiologische Therapie:

* Beginnend mit *Prosymbioflor* (oder *Colibiogen-Tropfen*), zweimal 5 Tropfen, die Sie auf 20 Tropfen steigern und zweimal am Tag über 2 bis 3 Wochen einnehmen.
* Danach *Symbioflor 1* zweimal 20 Tropfen über 6 bis 8 Wochen und danach zusätzlich *Symbioflor 2* (oder *Mutaflor*-Tabletten oder -Kapseln) über 4 bis 6 Wochen mit einer täglichen Dosis von 20 Tropfen.
* Das sind das Immunsystem steigernde Maßnahmen. Dabei stärkt *Symbioflor 1* die Abwehrkraft in der Schleimhaut und baut gerade im Winter ab Oktober bis Februar/März Erkältungen vor. *Symbioflor 2* regt durch die physiologischen Colibakterien den Darm an, seine unspezifische Abwehrkraft zu steigern.

4. Pilzkur bei ständigem Verlangen nach Süßem

Haben Sie ständig Lust auf Süßes, sind Sie müde und ausgebrannt und haben vermehrt Blähungen und Völlegefühl? Zeigt Ihre Zunge einen weißen Belag? Kennen Sie Afterjucken? Und haben Sie möglicherweise mit Fuß- oder Nagelpilz oder Scheidenpilz zu tun? Hinter all diesen Signalen könnte eine Pilzinfektion stecken, denn nach jeder Antibiotikabehandlung ist die Gefahr groß, dass die Pilze im Darm anwachsen können. Und Antibiotika nehmen viele von uns mindestens einmal im Jahr, wenn Erkältungen sich hartnäckig halten oder andere wiederkehrende Entzündungen nicht weichen wollen. So sollten Sie die Pilzkur vornehmen:

* In der ersten Woche dreimal 1 Pipette *Adiclair-Suspension* zum Essen und je 1 *Adiclair-Tablette* dreimal zum Essen. In der zweiten Woche dann dreimal 2 *Adiclair-Tabletten* zum Essen.
* Zusätzlich zu dieser Medikation gilt es, darauf zu achten, während der Pilzkur nichts Süßes zu sich zu nehmen, vor allem keinen Zucker, kein Weißmehl und kein süßes Obst.
* Sie sollten viel trinken und abends vor dem Schlafengehen ein Glas Wasser mit einem Schuss Apfelessig. Das hilft, die Pilze leichter von der Darmwand zu lösen.
* Gleichzeitig zur Pilzkur sollten Sie die mikrobiologische Kur starten mit *Prosymbioflor* zweimal täglich. Sie beginnen mit 5 Tropfen und steigern die Dosis auf 20 Tropfen zweimal täglich, bis die Flasche aufgebraucht ist.
* Nach der *Prosymbioflor*-Gabe sollten Sie mindestens 8 Wochen *Symbioflor 1* einnehmen. Beginnend mit zweimal 5 Tropfen und steigernd auf zweimal 20 Tropfen.
* Nach 4 Wochen – ausgehend vom Beginn mit *Symbioflor 1* – sollten Sie eine Stuhlprobe für die Herstellung von sogenannten Autovaccinen entnehmen. Gleichzeitig sollten Sie bei Ihrer Ernährung darauf achten, Einfachzucker zu vermeiden (Süßigkeiten und mit Zucker gezuckerte Getränke). Damit beugen Sie dem Überhandnehmen von Pilzen vor.

* Nachdem Sie circa 8 Wochen *Symbioflor 1* eingenommen haben, sollten Sie zusätzlich zu *Symbioflor 1* einmal täglich *Symbioflor 2* einnehmen.

Die reine Pilzkur dauert ungefähr zwei bis drei Wochen, die mikrobiologische Therapie natürlich länger. Die strikten Ernährungsverbote können nach den ersten zwei bis drei Wochen aufgehoben werden. Aber meistens hat man dann gar kein Verlangen mehr nach Süßem. Das sollte man spüren und entsprechend beim Essen berücksichtigen. Das heißt, weiterhin möglichst keine raffinierten Zucker in Mengen essen oder trinken.

Zur besseren Wirksamkeit der Kur sind unbedingt folgende Punkte zu beachten:

* Tauschen Sie Ihre Zahnbürste anfangs alle zwei Wochen aus.
* Therapieren Sie eventuell auch Ihren Partner – Stichwort Ansteckungsgefahr!
* Ihre Zahncreme sollte keine Desinfektionsmittel und Fluoride enthalten. Daher ratsam: Weleda Solezahncreme oder Neydent von Vitorgan.

Wer mehr zum Thema Pilze im Darm nachlesen möchte, dem empfehle ich *Pilze im Körper* von Gaby Guzek und Elisabeth Lange (siehe Literaturverzeichnis).

5. Entwöhnung von Magensäureblockern (Protonenpumpenhemmern, PPI)

* Nehmen Sie Magensäureblocker und fühlen sich dennoch nicht besser? Hier eine Anleitung, die Ihnen hilft, sich von PPI zu entwöhnen:
* Nehmen Sie 14 Tage lang Ihre alte Medikation zusammen mit *Symbio Detox* und *Symbiolact pur* je 1 Beutel.
* Danach beginnen Sie 2 bis 4 Wochen lang mit der schrittweisen Reduktion der PPI-Dosis und fahren mit *Symbio Detox* und *Symbiolact pur* fort.
* Anschließend starten Sie eine mikrobiologische Therapie mit *Symbioflor*, *Symbiolact pur* und *Symbio Detox*.
  Das machen Sie 3 bis 4 Monate lang.
* Gleichzeitig nehmen Sie von Beginn der Entwöhnung an *Nux vomica C30* und *Arsenicum alb. C3,* von beidem zweimal 10 Globuli.
* Sollten noch Säurebeschwerden zu spüren sein, rate ich zu zusätzlich 1 Beutel *Innova Balance*.

Danksagung

Am Ende des Buches möchte ich Danke sagen. Zuerst meiner Familie, dass sie mich auf diesem oft steinigen Weg immer unterstützt hat und vermutlich viele der hier beschriebenen Dinge schon gar nicht mehr hören kann. Trotz allem habe ich unsere beiden Kinder Marie und Patrick nicht abgeschreckt: Sie haben sich inspirieren lassen und sind auch Mediziner geworden. Auch meiner Frau Margret gilt mein großer Dank: Sie ist mir und vielen meiner Patienten mit ihren Entspannungstrainings und ihrer psychologischen Beratung eine große Hilfe.

Meinem Freund, dem Verleger Christian Strasser, möchte ich danken. Er hat die letzten 30 Jahre meine Arbeit sehr aufmerksam beobachtet und mich immer wieder aufgefordert, mein Wissen aufzuschreiben, und mir das Forum gegeben, es zu veröffentlichen.

Auch allen meinen Patienten möchte ich danken. Sie haben mich beim Finden meines beruflichen Wegs sowohl durch ihre Erkrankungen als auch durch ihre Persönlichkeit inspiriert und weitergebracht.

Dank gilt auch meinen Idolen und Vorbildern, die ich im Lauf meines Lebens kennengelernt habe. Sie waren die Initialzündung für dieses Buch und dafür, dass ich meine Idee der sogenannten Quantenmedizin überhaupt entdecken und herausarbeiten konnte.

Und schließlich gilt nicht zuletzt mein spezieller Dank zwei ganz wichtigen Personen: der Journalistin Christine Koller, ohne sie hätte ich dieses Buch nicht in dieser Form und in der notwendigen Zeit vollenden können, und meinem Freund, dem Fotografen Alexander Kupka. Ihm verdanke ich nicht nur das schöne Titelbild, er unterstützt mich auch mit seinem großen Engagement bei der Ausgestaltung meiner Webseite und ist mir ein guter Sparringspartner bei der Ausarbeitung meiner Vorträge.

Literatur

Davis, William: *Weizenwampe. Warum Weizen dick und krank macht*, München 2013

Davis, William: *Weizenwampe. Der Gesundheitsplan*, München 2016

Diamond, John: *Der Körper lügt nicht*, Freiburg 1983

Enders, Giulia: *Darm mit Charme. Alles über ein unterschätztes Organ*, Berlin 2014

Fasano, Alessio: *Die ganze Wahrheit über Gluten*, München 2015

Görnitz, Thomas/Görnitz, Brigitte: *Von der Quantenphysik zum Bewusstsein. Kosmos, Geist und Materie*, Berlin 2016

Guzek, Gaby/Lange, Elisabeth: *Pilze im Körper. Krank ohne Grund? Pilzinfektionen erkennen, heilen und vorbeugen durch gesunde Ernährung*, München 2014

Hänni, Pier: *Wege zu Orten der Kraft. Plätze der Erholung, Inspiration und Heilung selber finden*, Aarau 2006

Jacobson, Edmund: *Entspannung als Therapie. Progressive Relaxation in Theorie und Praxis*, Stuttgart 2017

Klinghardt, Dietrich: *Lehrbuch der Psycho-Kinesiologie*, Kandern 2014, 12. Auflage

Kriegisch, Norbert/Hallweiß, Margot: *Schlank und fit durch gesundes Fasten, München 1999*

Kriegisch, Norbert/Zittlau, Jörg/Heinke, Dagmar: *Die besten Hausmittel von A bis Z,* München 2012

Mann, Frido/Mann, Christine: *Es werde Licht. Die Einheit von Geist und Materie in der Quantenphysik,* Frankfurt am Main 2017

Meyer, Rüdiger: *Protonenpumpenhemmer: Effekte auf Endothelien,* Dtsch. Ärztebl. 2016, 113 (22–23)

Radford, Elizabeth J. et al: *In utero undernourishment perturbs the adult sperm methylome and intergenerational metabolism.* In: Science, DOI:10.1126/science.1255903, 2014

Schulte, Adrian: *Alles Scheiße!? Wenn der Darm zum Problem wird,* München 2016

Spiegel online: *Studie mit Mäusen. Dicke Eltern, dicke Kinder,* 14. 3. 2016

Stalfelt, Pernilla: *So ein Kack! Das Kinderbuch von eben dem,* Frankfurt am Main 2014

Zimring, Craig: *http://www.gegenfrage.com/ruhe/*

http://lexicon.stangl.eu/1245/epigenetik

SO STÄRKEN SIE IHR IMMUNSYSTEM

176 Seiten mit zahlreichen Abbildungen, zweifarbig
ISBN 978-3-95803-341-2

Können wir das Risiko, einen Infekt zu bekommen, beeinflussen? Die Antwort lautet Ja, beziehungsweise wir können das Risiko signifikant verringern. Das gilt für jeden akuten viralen oder bakteriellen Infekt, insbesondere auch für das hochinfektiöse Coronavirus.

Dr. Karsten Krüger zeigt, welchen Einfluss Ernährung, Bewegung, Schlaf und Stressmanagement haben und wie psychische Aspekte auf die Immunabwehr wirken. Ein praktischer Ratgeber mit zahlreichen Tipps und Möglichkeiten, die Empfehlungen im täglichen Leben umzusetzen.

www.scorpio-verlag.de

SCORPIO

Unsere Leseempfehlung

336 Seiten

Gibt es einen Weg, chronische Krankheiten ohne Tabletten und Operationen zu behandeln? Geht es nach dem Allgemeinarzt und Neurowissenschaftler Prof. Tobias Esch, lautet die Antwort eindeutig: Ja. Der Schlüssel hierfür liegt in der faszinierenden Fähigkeit unseres Körpers zur Selbstheilung. Was wir tun können, um dieses großartige Potenzial abzurufen, verrät Esch ebenso anschaulich wie konkret: indem wir uns u. a. in Gelassenheit üben, unsere Mahlzeiten bewusst genießen oder in Verbundenheit miteinander leben. Kurzum: ein Leben führen, das von Wohlbefinden, innerer Stärke und Zufriedenheit geprägt ist – den Fundamenten der Selbstheilung.

www.goldmann-verlag.de
www.facebook.com/goldmannverlag

GOLDMANN
Lesen erleben

Um die ganze Welt des GOLDMANN

Body, Mind & Spirit Programms

kennenzulernen, besuchen Sie uns doch

im **Internet** unter:

www.goldmann-verlag.de

Dort können Sie

nach weiteren interessanten Büchern ***stöbern***, Näheres über unsere ***Autoren*** erfahren, in ***Leseproben*** blättern, alle ***Termine*** zu Lesungen und Events finden und den ***Newsletter*** mit interessanten Neuigkeiten, Gewinnspielen etc. abonnieren.

Ein ***Gesamtverzeichnis*** aller Goldmann Bücher finden Sie dort ebenfalls.

Sehen Sie sich auch unsere ***Videos*** auf YouTube an und werden Sie ein ***Facebook***-Fan des Goldmann Verlags!

www.goldmann-verlag.de
www.facebook.com/goldmannverlag

GOLDMANN
Lesen erleben